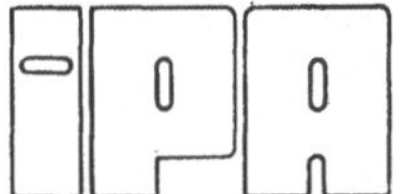

Forschung und Praxis · **Band 60**

Berichte aus dem Fraunhofer-Institut für Produktionstechnik und Automatisierung, Stuttgart, und dem Institut für Industrielle Fertigung und Fabrikbetrieb der Universität Stuttgart

Herausgeber: Prof. Dr.-Ing. H. J. Warnecke

Jürgen Schilde

Ermittlung und Bewertung von Rationalisierungsmaßnahmen im Produktionsbereich

— Ein Beitrag zur rationellen Produktionsplanung —

Mit 57 Abbildungen

Springer-Verlag Berlin Heidelberg GmbH

1982

Dipl.-Ing. Jürgen Schilde

Fraunhofer-Institut für Produktionstechnik und Automatisierung (IPA), Stuttgart

Dr.-Ing. H. J. Warnecke

o. Professor an der Universität Stuttgart

Fraunhofer-Institut für Produktionstechnik und Automatisierung (IPA), Stuttgart

D 93

ISBN 978-3-540-11730-8 ISBN 978-3-642-81881-3 (eBook)

DOI 10.1007/978-3-642-81881-3

Ursprünglich erchienen bei Springer-Verlag Berlin Heidelberg New York, 1982

(Fasanenhof-Industriegebiet) · Telefon (07 11) 715 60 06.

2362/3020—543210

Geleitwort des Herausgebers

Die Entwicklungen in der Produktionstechnik in den letzten Jahrzehnten haben entscheidend zur positiven wirtschaftlichen und sozialen Entwicklung in der Bundesrepublik Deutschland beigetragen. Die Produktivität konnte jedes Jahr um durchschnittlich etwa 3,5 % gesteigert werden. Mechanisierung und Automatisierung wurden und werden stetig weiter vorangetrieben. Während es sich bisher jedoch um Verbesserungen an einzelnen Maschinen und Anlagen sowie Verfahren handelte, werden heute alle Unternehmensbereiche erfaßt, und man ist bemüht, das gesamte System Unternehmen bzw. Produktionsbetrieb zu optimieren. Das klassische Bemühen um Optimierung des Einsatzes und Zusammenwirkens der Produktionsfaktoren Mensch, Maschine und Material muß heute erweitert werden um die Berücksichtigung sozialer Belange, gesetzlicher Auflagen, Probleme der Energieversorgung, schnellen Veränderungen an den Produkten und auf den Märkten sowie Sicherung der Qualität und der Lieferfähigkeit.

Von wissenschaftlicher Seite wird und muß dieses Bemühen unterstützt werden durch die Entwicklung von Methoden und Vorgehensweisen zur systematischen Analyse und Verbesserung des Systems Produktionsbetrieb. Hier ist heute insbesondere auch der Fertigungsingenieur gefordert, nicht nur einzelne Maschinen und Verfahren zu beherrschen, sondern das gesamte komplexe System hinsichtlich der Verknüpfung seiner Elemente durch zweckmäßigen Informations- und Materialfluß. Beispielhaft seien dazu nur hinsichtlich des Informationsflusses die heute gegebenen Möglichkeiten der Datenerfassung und -verarbeitung in Fertigungsplanung und -steuerung, an den einzelnen

Produktionsanlagen sowie im Qualitätswesen genannt. Im Materialfluß geht es um richtige Auswahl und Einsatz von Fördermitteln, Förderhilfsmitteln sowie Anordnung und Ausstattung von Lägern. Der weiteren Automatisierung in der Handhabung von Werkstücken und Werkzeugen sowie der Montage von Produkten wird in nächster Zukunft allergrößte Aufmerksamkeit geschenkt werden. Leistungsfähige Sensoren werden die Möglichkeiten dafür sehr stark vergrößern.

Die beiden vom Herausgeber geleiteten Institute, das Institut für Industrielle Fertigung und Fabrikbetrieb der Universität Stuttgart sowie das Fraunhofer-Institut für Produktionstechnik und Automatisierung in Stuttgart, arbeiten in grundlegender und angewandter Forschung intensiv an den aufgezeigten Entwicklungen in der Produktionstechnik mit. Zur Umsetzung gewonnener Erkenntnisse wird die Schriftenreihe "IPA Forschung und Praxis" herausgegeben. Der vorliegende Band setzt diese Reihe fort, eine Übersicht über bisher erschienene Titel wird am Schluß dieses Bandes gegeben.

Dem Verfasser sei für die geleistete Arbeit gedankt, dem Springer-Verlag für die Aufnahme dieser Schriftenreihe in seine Angebotspalette und der Druckerei für saubere und zügige Ausführung. Möge das Buch von der Fachwelt gut aufgenommen werden.

Hans-Jürgen Warnecke

Vorwort

Die vorliegende Arbeit entstand während meiner Tätigkeit als wissenschaftlicher Mitarbeiter am Fraunhofer-Institut für Produktionstechnik und Automatisierung (IPA) in Stuttgart.

Herrn Professor Dr.-Ing. H.J. Warnecke, dem Direktor des IPA sowie Leiter des Instituts für Industrielle Fertigung und Fabrikbetrieb der Universität Stuttgart, danke ich für seine wohlwollende Unterstützung und großzügige Förderung der Arbeit.

Herrn Professor Dr.-Ing. R. Hackstein, dem Direktor des Instituts für Arbeitswissenschaft und des Forschungsinstituts für Rationalisierung an der Technischen Hochschule Aachen, danke ich für das Interesse, das er der Arbeit entgegengebracht hat, und für die Ratschläge, die sich aus einer kritischen Durchsicht der Arbeit ergeben haben.

Mein Dank gilt auch Herrn Dr.-Ing. H. Beckhaus, der mir während meiner Tätigkeit bei der Fa. Rollei Singapore (Pte) Ltd. wesentliche Denkanstöße zu dem in dieser Arbeit behandelten Problemkreis vermittelt hat.

Schließlich möchte ich den ehemals wie den derzeit beschäftigten Mitarbeitern des IPA danken, die mir durch kritische Hinweise und stete Diskussionsbereitschaft sehr geholfen haben. Dieser Dank gilt besonders Herrn Dipl.-Math. H.-P. Bartenschlager, Herrn Dipl.-Ing. G. Schad, M.S., und Herrn Ing.(grad.) K. Schmid.

Dank sagen möchte ich auch meiner Frau Ingrid, die mit großer Geduld die familiären Belastungen eines Promotionsverfahrens auf sich nahm.

Stuttgart, im März 1982 J. Schilde

Seite

INHALTSVERZEICHNIS

VERZEICHNIS VERWENDETER GRÖSSEN UND EINHEITEN 13

1 EINLEITUNG 17

2 ABGRENZUNG DES UNTERSUCHUNGSBEREICHES 19

2.1 Begriffsbestimmungen

2.1.1 Zum Begriff "Produktion" 19

2.1.2 Zum Begriff "Produktionsplanung" 19

2.1.3 Zum Begriff "Rationalisierung" 20

2.2 Problematik der Rationalisierung im Produktionsbereich 20

2.3 Vorhandene Arbeiten zum behandelten Problemkreis 23

2.4 Zielsetzung und Vorgehensweise 26

3 ENTWICKLUNG EINER VORGEHENSWEISE ZUR PRODUKTIONSANALYSE 29

3.1 Zur Problematik der Komplexität einer Produktionsanalyse 29

3.2 Stufen der Produktionsanalyse 30

3.3 Methodenauswahl 32

3.3.1 Realisierung der Kontrollfunktion 32

3.3.2 Realisierung der Planungsfunktion 34

3.4 Methodenbezogene Modellentwicklung 36

4 ENTWICKLUNG EINES KENNZAHLENMODELLS FÜR DIE KONTROLLFUNKTION 38

4.1 Lösungsansatz 38

4.2 Das Zeitwertmodell 41

4.2.1 Definition und Abgrenzung des Zeitwertes 41

4.2.2 Berechnung von Zeitwerten 43

4.2.2.1 Komponenten des Zeitwertes 44

4.2.2.2 Eingabe-Ausgabe Analyse 46

Seite

4.2.3 Betriebliche Datenerfassung und -auswertung 49

4.3 Anwendungsbeispiel 50

4.3.1 Analysezielsetzung und Vorgehensweise 50

4.3.2 Darstellung und Diskussion von Analyseergebnissen 51

4.3.2.1 Längsschnittanalyse von Zeitwerten 51

4.3.2.2 Analyse der Zeitwertkomponenten 53

4.4 Eignung des Zeitwertes 56

5 ANALYSE BETRIEBLICHER EINFLUSSGRÖSSEN DES ZEITWERTES 58

5.1 Problemstellungen 58

5.2 Struktur der Einflußgrößenanalyse 60

5.3 Querschnittsuntersuchung gemessener Zeitwerte 61

5.3.1 Datenbasis und Vorgehensweise 61

5.3.1.1 Datenaufbereitung 62

5.3.1.2 Verwendete statistische Methoden 63

5.3.2 Rationalisierungspotential der organisatorischen Reibungsverluste 65

5.3.3 Signifikante betriebliche Einflußgrößen 66

5.3.4 Ermittlung von zeitwertbezogenen Rationalisierungspotentialen 71

5.4 Ermittlung von Störungsursachen 74

5.4.1 Heuristischer Ansatz zur Bildung von Ursachengruppen 74

5.4.1.1 Beziehungen Auswirkungen-Ursachen 74

5.4.1.2 Klassifizierung von Ursachengruppen 76

5.4.2 Entwicklung einer Methode zur Ursachenfindung 79

5.5 Ableitung von Parametern für ein Modell der Fertigungsstruktur 81

Seite

5.5.1 Vorgehensweise 81

5.5.2 Schlüsselbereiche als Elemente der Fertigungsstruktur 81

5.5.3 Charakteristische Teileflüsse als Beziehungen zwischen Schlüsselbereichen 83

5.5.4 Charakteristische Verlustarten als Eigenschaften von Schlüsselbereichen 87

6 ENTWICKLUNG EINES SIMULATIONSMODELLS FÜR DIE PLANUNGSFUNKTION 90

6.1 Modellsynthese 90

6.1.1 Sachmodell 91

6.1.1.1 Allgemeine Modellbildung von Fertigungsstrukturen 91

6.1.1.2 Projektspezifische Modellbildung eines Ausgangszustandes 94

6.1.1.3 Bewertung von Zuständen und Rationalisierungsmaßnahmen 95

6.1.2 Mathematisches Modell 97

6.1.2.1 Wahl des Simulationstyps 97

6.1.2.2 Der Markov-Prozess als mathematisches Hilfsmittel 98

6.1.2.3 Algorithmus 100

6.2 Einsatz der elektronischen Datenverarbeitung 103

6.2.1 Programmsystem SIMOR 103

6.2.2 Betriebliche Anwendung des Programmsystems SIMOR 108

6.2.3 Validierung des Simulationsmodells 110

6.3 Ausgewählte Modelluntersuchungen 111

6.3.1 Ableitung einer rekursiven Formel 112

6.3.2 Analyse der Modellparameter 114

6.3.2.1 Bedeutung der Verlustart Ausschuß und der Knotenzahl pro Fluß 114

6.3.2.2 Bedeutung des örtlichen Auftretens von Verlusten 117

6.3.3 Gestaltungsleitlinien zur Reduzierung von Verlustzeiten 118

Seite

6.4 Fallbeispiel 121
6.4.1 Modellbildung des Ausgangszustandes 121
6.4.2 Analyse des Ausgangszustandes 124
6.4.3 Ableitung und Bewertung von Maßnahmen 126

7 DISKUSSION DES VERFAHRENS 131

8 ZUSAMMENFASSUNG 135

SCHRIFTTUMSVERZEICHNIS 137

ANHANG 146

VERZEICHNIS VERWENDETER GRÖSSEN UND EINHEITEN

Zeichen	Einheit	Bedeutung
a	-	Laufindex für Zeitabschnitte 1, ..., A
b	-	Koeffizient
(b + c)	-	Anzahl der Nicht-Übereinstimmungen (Entropieanalyse)
c	-	Konstante
D_{ZW}	%	relative Zeitwertänderung
e	-	Anzahl Einflußgrößen
E	-	Einflußgröße (unabhängige Variable)
EDVA	-	Elektronische Datenverarbeitungsanlage
f	-	Charakteristischer Teilefluß 1, ..., F
$H_T(PQ)$	-	Entropie zwischen den Objekten P und Q
i	-	Laufindex
j	-	Laufindex
k	-	Knoten 1, ..., K
KBZ	min/Stck	Kapazitätsbedarfzahl
KEA	-	Kosten-Effektivitätsanalyse
KZ	-	Knotenkennzahl
LGRAD	%	Leistungsgrad
m	-	Laufindex für Produkte 1, ..., M
MA	-	Anzahl Mitarbeiter (Personalkapazität)

Zeichen	Einheit	Bedeutung
MA_A	Mitarbeiter	eingesetzte Personalkapazität für Ausschußersatz
MA_{ges}	Mitarbeiter	eingesetzte Personalkapazität des Gesamtsystems
MA_{NE}	Mitarbeiter	eingesetzte Personalkapazität für externe Nacharbeit
MA_{NI}	Mitarbeiter	eingesetzte Personalkapazität für interne Nacharbeit
$MA_{V,ges}$	Mitarbeiter	eingesetzte Personalkapazität für Verluste im Gesamtbetrieb
MA_W	Mitarbeiter	nicht genutzte Personalkapazität aufgrund von Wartezeiten
n	Stck	Fertigungsstückzahl
n_{um}	Stck	Umlaufbestand je Produkt m
π	-	Zustandswahrscheinlichkeit
P_A	%	Verlustprozentsatz (bezogen auf die Eingabe) pro Gesamtsystem/Teilsystem/Knoten für Ausschuß
P_G	%	Prozentsatz Gutstücke
P_I	%	Eingabeprozentsatz bezogen auf 100 % Ausgabe (mengenbezogen)
P_{NE}	%	Verlustprozentsatz externe Nacharbeit
P_{NI}	%	Verlustprozentsatz interne Nacharbeit
P_W	%	Verlustprozentsatz Wartezeiten aufgrund technisch-organisatorischer Störungen
r	-	Pearsonscher Korrelationskoeffizient
R SQUARE	-	Bestimmtheitsmaß

Zeichen	Einheit	Bedeutung
SIMOR	-	Programmbezeichnung "Simulation des personellen Mehraufwandes bedingt durch organisatorische Reibungsverluste
T_{ab}	min	Zeitabschläge (z.B. Pausen) zur Berechnung der effektiven Personalkapazität
t_e	min/Stck	Vorgabezeit (REFA)
te'_m	min/Stck	geleistete Vorgabezeit entsprechend Fertigungsfortschritt je Produkt m
T_{ij}	min	Anwesenheitszeit pro Tag pro Mitarbeiter
T_s	min	Schichtzeit
l	-	Betrachteter Zeitabschnitt
V	-	Varianz aufgrund zufallsbedingter, unbekannter Einflußgrößen
x	-	unabhängige Variable
Y	-	abhängige Variable
Z	min	Zeitanteil
ZA	min	mengenbezogene Produktionsausgabe an Gutstücken in Planvorgabezeit
ZE	min	Zeiteinsatz als effektive Personalkapazität
$ZE_{K_{Menge}}$	min	mengenbezogener Zeiteinsatz eines Knotens
Z_{NA}	min	Zeiteinsatz für Normalarbeit nach Plan (Verluste gleich Null)
ZU	min	Zeiteinsatz (entspr. Zeitwertdefinition) für den betrieblichen Umlaufbestand in Vorgabezeit

Zeichen	Einheit	Bedeutung
ZV	min	Gesamtzeitverluste gegenüber Planvorgabe (Wartezeiten, mengenbezogener Mehraufwand) des Personals
ZV_{A}	min	Zeitverlust durch Ausschuß und Ausschußersatz
$ZV_{A,Kges}$	min	Zeitverlust pro Knoten für Ausschußersatz bezüglich Gesamtsystem
ZV_{menge}	min	Zeitverlust durch mengenbe-bezogenen Mehraufwand
ZV_{NE}	min	Zeitverlust durch externe Nacharbeit
ZV_{NI}	min	Zeitverlust durch interne Nacharbeit
ZV_{Wart}	min	Zeitverlust durch Warte-zeiten (techn./org. Störungen)
ZW	-	Zeitwert
ZW_{ges}	-	Zeitwert des Gesamtsystems
ZW_{K}	-	Zeitwert eines Knotens
ZW_{Kges}	-	Zeitwert eines Knotens be-züglich des Gesamtsystems

1 EINLEITUNG

Um den strukturellen Veränderungen von Absatz- und Arbeitsmärkten gerecht zu werden und die Wettbewerbsfähigkeit zu erhalten, muß ein Unternehmen ständig bestrebt sein, die Wirtschaftlichkeit der betrieblichen Leistungen zu erhöhen. Daraus erwächst die Aufgabe, durch fortwährende Rationalisierung das Betriebsgeschehen so zu beeinflussen, daß das Verhältnis von Ertrag zu Aufwand maximiert wird. Im Unternehmensbereich Produktion bestehen Möglichkeiten zur Erhöhung der Wirtschaftlichkeit im wesentlichen in einer Senkung des Aufwandes. Eine zunehmende Beeinflussung durch sozial- und gesellschaftspolitische Einflüsse sowie gestiegene Anforderungen an die Flexibilität der Produktion in bezug auf sich ändernde Produktionsstückzahlen, Personaleinsatz, große Typenvielfalt und eingesetzte Technologien /1,2,3/ erhöhen die Komplexität der Aufgabenstellungen bei der Durchführung von Rationalisierungsvorhaben und führen zu Schwierigkeiten bei einer systematischen Rationalisierungsplanung.

Maßnahmen zur Rationalisierung werden im Unternehmensbereich Produktion oft intuitiv ausgewählt. Dabei werden Maßnahmen mit hohem Rationalisierungseffekt häufig nicht erkannt und Fehlentscheidungen beim gezielten Einsatz von Planungskapazitäten zur Bearbeitung von Rationalisierungsvorhaben getroffen. Dem gezielten Einsatz von Planungskapazitäten vor und während der Erzeugnislaufzeit ist in bezug auf die Problematik Rationalisierung eine besondere Bedeutung beizumessen. Eigene Untersuchungen in verschiedenen Unternehmen zeigen, daß aufgrund von Terminzwängen und Kapazitätsengpässen in den Planungsabteilungen ein relativ geringer Planungsaufwand vor der Erzeugnislaufzeit erbracht wird. Dies führt zu einer hohen Zahl von Rationalisierungsmaßnahmen während der Erzeugnislaufzeit, die die Tilgungsphase verlängern (Bild 1). Mit Hilfe eines gezielt erhöhten Planungsaufwandes vor der Erzeugnislaufzeit - insbesondere zur Erarbeitung konzeptioneller Lösungsalternativen - und der damit verbundenen geringeren Anzahl nachträglicher Rationalisierungsmaßnahmen kann die Gewinnzone wesentlich früher erreicht werden.

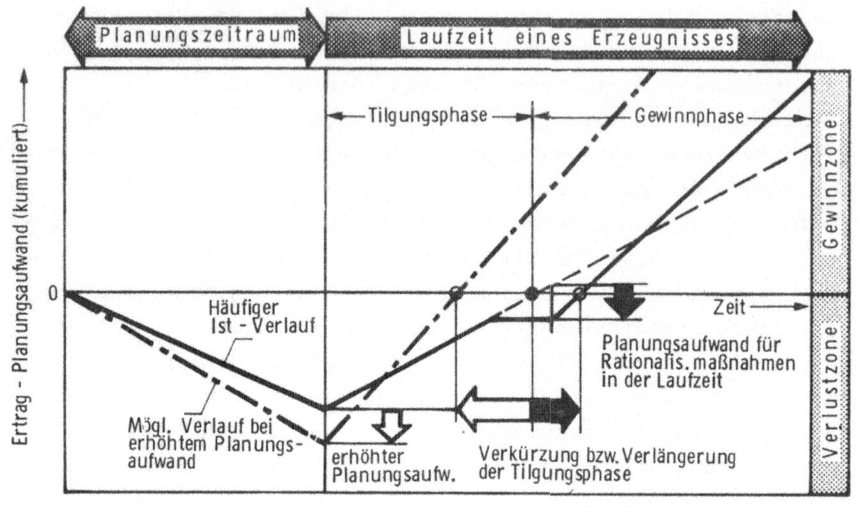

Bild 1: Qualitative Darstellung des Einflusses von Planungsaufwänden vor und während der Erzeugnislaufzeit auf die Ertragssituation

Anstelle einer intuitiven Auswahl von Rationalisierungsmaßnahmen wird eine systematische Auswahl auf der Basis objektivierender Verfahren notwendig. Dies ist nur durch eine Intensivierung der Analyse- und Diagnosephase im Planungsprozeß zu erreichen. Die "Planung der Planung" gewinnt damit künftig an Bedeutung /4/. Zielsetzung dabei sind der optimale Einsatz von meist begrenzt für Rationalisierungsvorhaben zur Verfügung stehender Mittel sowie ein rationeller Planungsprozeß. Unter dieser Zielsetzung wird in der vorliegenden Arbeit ein Verfahren zum Erkennen und Bewerten von Rationalisierungsmaßnahmen für den Unternehmensbereich Produktion entwickelt.

2 ABGRENZUNG DES UNTERSUCHUNGSBEREICHES

2.1 Begriffsbestimmungen

Es wird im folgenden eine Übersicht über die Begriffe gegeben, deren Definitionen für diese Arbeit von grundlegender Bedeutung sind. Weitere Begriffsdefinitionen erfolgen in späteren Kapiteln im Zusammenhang mit ihrer erstmaligen Verwendung.

2.1.1 Zum Begriff "Produktion"

Nach Ropohl /5/ umfaßt die Produktion "die Gesamtheit von Maßnahmen und Einrichtungen, mit denen Sachleistungen im weitesten Sinne erstellt werden, Produktion bedeutet die Umwandlung bzw. Umformung von Stoffen, Energien und Informationen".

Entsprechend der Organisationslehre wird in dieser Arbeit zwischen der Aufbau- und Ablauforganisation der Produktion unterschieden. In Anlehnung an Grochla /6/ wird durch die Aufbauorganisation der Produktion eine Zuständigkeitsordnung mit Funktions- und Verantwortungsbereichen geschaffen, die den jeweils zu bewältigenden Teilaufgaben angemessen sind. Die Ablauforganisation hat die möglichst reibungslose Gestaltung des räumlichen und zeitlichen Zusammenwirkens der Funktionsbereiche zum Ziel /7,8/.

In Anlehnung an Gutenberg /9/ erscheint es für die vorliegende Arbeit zulässig, vereinfachend die Begriffe Material, Betriebsmittel, Mensch und Methode als Produktionsfaktoren der betrieblichen Leistungserstellung zu definieren.

2.1.2 Zum Begriff "Produktionsplanung"

Planung soll nach /10/ definiert werden als "ein auf zukünftiges aktives Handeln ausgerichtetes ordnendes Denken, bei dem unter verschiedenen Möglichkeiten des Vorgehens Entscheidungen zu treffen sind". Die Planung ist ein kreativer Prozeß, der nach logischen, rationalen und projektabhängig sinnvollen Schritten erfolgen muß /4/.

Bei der Produktionsplanung werden Handlungsalternativen in bezug auf einen optimalen Einsatz der Produktionsfaktoren im Sinne von projektspezifischen Zielen untersucht. Die Produktionsplanung ist zukunftsbezogen. Im Gegensatz dazu beschäftigt sich die Produktionssteuerung mit dem gegenwärtigen Handeln, obwohl auch die Produktionsplanung aufgrund einer vorhandenen Ausgangssituation immer einen Gegenwartsbezug hat.

Da in dieser Arbeit ein Analyseprozeß als Sonderfall einer Produktionsplanung behandelt wird, wird als Synonym der Begriff "Produktionsanalyse" verwendet.

2.1.3 Zum Begriff "Rationalisierung"

Rationalisierung ist ein Suchen und Einführen von besseren und kostengünstigeren Lösungen /11/. Bei Rationalisierungen handelt es sich stets um erstmalige und wiederholbare Senkungen von Mengen- und Zeitaufwänden. Sie sind im Vergleich zur vorherigen Lösung prinzipiell unverlierbare Fortschritte in bezug auf die Gesamtkosten eines Produktes oder einer Leistung. Die Gesamtheit der reduzierbaren Aufwände, die sich durch die Summe möglicher Rationalisierungsmaßnahmen ergibt, wird als Rationalisierungspotential bezeichnet. Die Auswahl von Rationalisierungsmaßnahmen als Vorstufe einer Ausführungsplanung /8/ ist eine Aufgabenstellung der Produktionsplanung.

2.2 Problematik der Rationalisierung im Produktionsbereich

Ansätze zur Rationalisierung im Produktionsbereich bieten der Einsatz der Produktionsfaktoren sowie die Realisierung der betrieblichen Grundaufgaben (Bild 2). Die betrieblichen Grundaufgaben sind für jeden Produktionsfaktor im Produktionsprozeß wahrzunehmen. Berücksichtigt man unterschiedliche Betrachtungszeiträume und unterschiedliche Größen von Teilbereichen der Produktion (z.B. Fertigungsbereich, Arbeitsplatz), so wird die Vielschichtigkeit der Problematik Rationalisierung unter dem Aspekt "begrenzte Mittel richtig eingesetzt" deutlich.

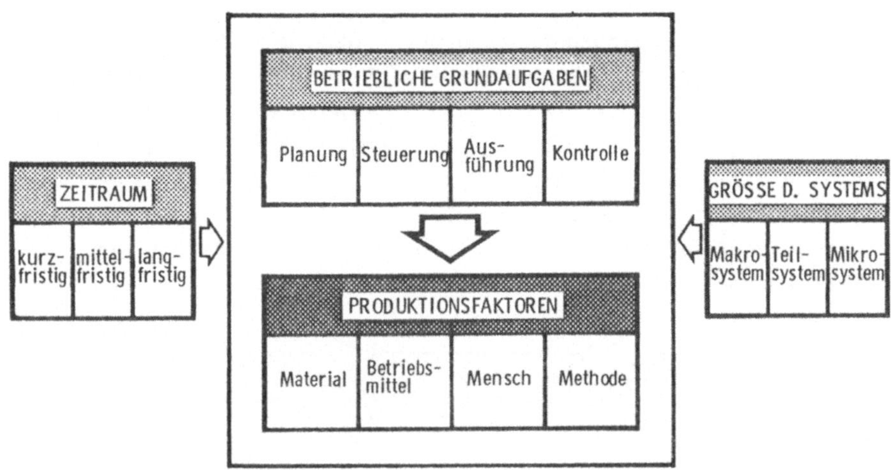

Bild 2: Produktionsfaktoren und betriebliche Grundaufgaben als Rationalisierungspotentiale

Aufgrund dieser Vielschichtigkeit und der großen Anzahl möglicher Rationalisierungsansätze besteht ein entscheidendes Problem darin, eine Vorauswahl von Rationalisierungsvorhaben zu treffen, die einen hohen Rationalisierungseffekt versprechen und bei verfügbarer Planungskapazität und begrenztem Investitionsvolumen im Rahmen einer Ausführungsplanung bearbeitet werden sollten. Teilprobleme dieses Auswahlprozesses sind das Erkennen von Rationalisierungsansätzen, die Ermittlung entsprechender Rationalisierungsmaßnahmen sowie deren Bewertung.

Rationalisierungsansätze werden meist mit Hilfe von Schwachstellenanalysen (siehe z.B. /12/) des Ausgangszustandes erkannt. Besondere Schwierigkeiten bestehen darin, von Symptomen, anhand derer sich Schwachstellen zunächst erkennen lassen, auf die eigentlichen Ursachen zu schließen. Nur durch die Beseitigung der Ursachen von Schwachstellen können langfristige Rationalisierungserfolge erzielt werden.

Im Anschluß an die Erarbeitung alternativer Rationalisierungsmaßnahmen stellt sich das Problem der Bewertung. Um eine begründete Auswahlentscheidung treffen zu können, müssen diese Maßnahmen oder auch Maßnahmenkombinationen durch einen jeweils zu ermittelnden "Projektwert" nach ihrer Vorzugswürdigkeit geordnet werden /13/. Dazu sind die Alternativen im Hinblick auf die relevanten Ziele und die diesbezüglichen Präferenzen des Entscheidungsträgers miteinander zu vergleichen. Wesentliche zu berücksichtigende Einflußgrößen auf die Rangreihenbildung von Rationalisierungsmaßnahmen sind in <u>Bild 3</u> dargestellt.

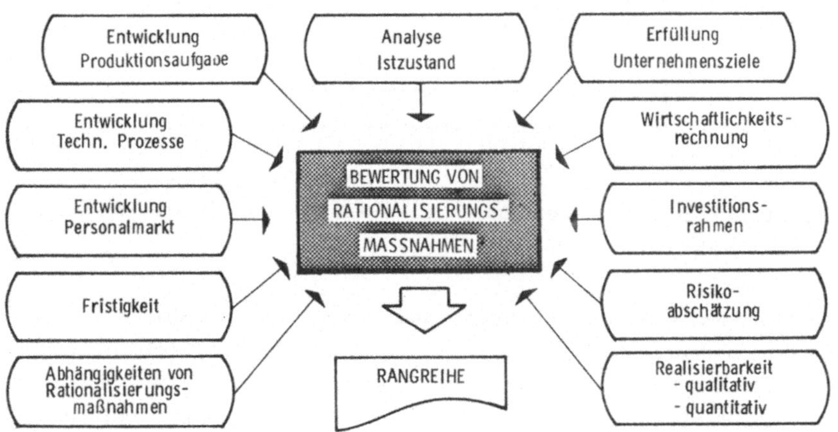

<u>Bild 3</u>: Einflußgrößen auf die Bewertung von Rationalisierungsmaßnahmen

Die Anzahl dieser Einflußgrößen, die unterschiedlichen Gewichtungen bei der Bearbeitung konkreter Einzelprobleme, sowie die Unsicherheiten in bezug auf die zeitliche Entwicklung einzelner Einflußgrößen weisen auf die Komplexität und Schwierigkeit der Auswahl hin. Als Anforderungen an eine rationale Entscheidungsfindung werden bei /14/ konsequente Zielorientierung, Versachlichung, Transparenz, Überprüfbarkeit und Korrigierbarkeit des Bewertungsprozesses genannt.

Um die häufig praktizierte intuitive Auswahl von Rationalisierungsmaßnahmen durch ein objektivierendes Verfahren abzulösen, sind verschiedene Voraussetzungen zu schaffen. Es ist eine funktionsbereichsübergreifende Beurteilung des Ausgangszustandes notwendig, um wichtige Rationalisierungsansätze zu erkennen. Weiterhin muß die Möglichkeit bestehen, bereits im Planungsstadium die Auswirkungen der untersuchten Rationalisierungsmaßnahmen zu quantifizieren. Letzteres setzt Kenntnisse über Wirkzusammenhänge zwischen den Maßnahmen und den Veränderungen des Produktionsaufwandes voraus. Schwierigkeiten bestehen darin, daß der Produktionsprozeß von einer großen Anzahl komplex vernetzter Faktoren bestimmt wird, die teilweise zufälligen Einflüssen unterworfen sind. Somit wird die Genauigkeit von quantitativen Aussagen stark eingeschränkt.

Bei der Durchführung von Produktionsanalysen ist zu beachten, daß der Aufwand des Analyseprozesses in einem sinnvollen Verhältnis zu der zu erzielenden Verbesserung der Entscheidung steht. Wichtigster Aspekt hierbei ist eine zielorientierte Reduktion der komplexen Problematik auf überschaubare Einzelprobleme und der Einsatz operationaler Methoden und Hilfsmittel.

2.3 Vorhandene Arbeiten zum behandelten Problemkreis

Die Problematik der Rationalisierung wird von einer großen Anzahl von Autoren behandelt. Die vorliegenden Arbeiten beschreiben Planungsprozesse und geben Hinweise zur Gestaltung verschiedener Planungsobjekte. Die Erkenntnisse lassen sich schwerpunktartig der Optimierung einzelner Produktionsfaktoren und Funktionen des Gesamtunternehmens oder von Teilbereichen zuordnen. So beschäftigen sich z.B. verschiedene Autoren mit Fragen der langfristigen Unternehmensplanung /4/ sowie mit Problemen der Unternehmensleitung und der Entwicklung von Managementkonzepten /15, 16,17/. Hansen /18/ beschreibt Methoden und Leitlinien zur Konstruktion von Produkten und Bullinger /19/ ein Kapazitätsplanungssystem für den Unternehmensbereich Konstruktion. Verfahren zur Realisierung der Funktionen Planen, Steuern und Kontrollieren für die direkten Bereiche der Produktion zeigt REFA /20/ auf. Metzger /21/ stellt ein Verfahren der Planung von Arbeitsstrukturen der Montage vor. Weitere Arbeiten behandeln die Problematik der Arbeitsplatzgestaltung im direkten Bereich /22,23/.

Neben diesen vor allem den Planungsprozeß betreffenden Ausführungen stehen dem Planungsingenieur Handbücher zur Verfügung, die alternative Gestaltungshinweise vorwiegend für die produktiven Bereiche der Produktion aufzeigen. Als Beispiel sei hier auf das Handbuch von Brankamp /24/ verwiesen. Weiterhin sollen Rationalisierungsanleitungen den Praktiker anregen, Rationalisierungsmaßnahmen zu erkennen und einzuleiten. Beispiele sind Arbeiten von Blau /25/, Bronner /26/ und Kunze /27/.

Fast alle der oben aufgeführten Autoren empfehlen Vorgehensweisen mit verschiedenen Arbeitsschritten, die sequentiell zu bearbeiten sind. Den unterschiedlich differenzierten Arbeitsschritten ordnen die Autoren Methoden und Hilfsmittel zu. Diese werden in /13/ klassifiziert nach Problemaufbereitungsmethoden, Prognosemethoden, Suchmethoden, Bewertungsmethoden und Managementmethoden.Die einzelnen Methoden dieser Klassen werden ausführlich in der Literatur beschrieben und diskutiert, so z.B. bei /13,28,29,30/. In der vorliegenden Arbeit werden mehrere dieser Methoden zur Problemlösung eingesetzt.

Alle hier aufgeführten Verfahren und Gestaltungshinweise der Literatur wurden zur Lösung <u>begrenzter</u> Probleme der Produktion entwickelt. Sie enthalten analytische Arbeitsschritte und lassen sich grundsätzlich zur Durchführung von Produktionsanalysen mit der Zielsetzung Rationalisierung verwenden.

Im folgenden sollen die vorwiegend zum Analysieren eingesetzten methodischen Ansätze aufgezeigt und diskutiert werden.

Betriebsanalytische Verfahren basieren auf der Untersuchung von Ausprägungen betrieblicher Einflußgrößen sowie von Wirkzusammenhängen. Neben dem Einsatz von Checklisten zur Schwachstellenermittlung - z.B. bei /12/ - werden Verfahren zur Untersuchung von Einzelfaktoren vorgeschlagen. Beispiele sind Analysen des Technisierungsgrades /31/, der Umlaufbestände /32/, des Materialflusses /33/ und der Kapazitätsauslastung von Betriebsmitteln und Personal /34/. Mit Hilfe von Zeitvergleichen wird die Entwicklung von Produktionsdaten direkt oder als Kennzahlen /35/ über der

Zeit (Längsschnittanalysen) verfolgt /36,37/ sowie Funktionsbereiche (Querschnittsanalysen) miteinander verglichen.

Eine wesentliche Problematik besteht in der Verfügbarkeit von Vergleichsmaßstäben zur Beurteilung von Zuständen oder Entwicklungen. Aus diesem Grunde wurden Betriebsvergleiche /38,39/ entwickelt. Betriebsvergleiche auf der Basis von Kennzahlensystemen bauen hauptsächlich auf Bilanzzahlen sowie Zahlen der Gewinn- und Verlustrechnung auf. Durch die eindeutige Definition dieser Systeme werden die Voraussetzungen für überbetriebliche Vergleiche geschaffen. Betriebsvergleiche sind weitgehend aus betriebswirtschaftlich orientierten Kennzahlensystemen abgeleitet worden, die u.a. von Meyer /40/ beschrieben werden.

Die betriebswirtschaftlichen Kennzahlensysteme wie auch Management-Informationssysteme /41/ eignen sich aufgrund des Interessenkonfliktes zwischen technisch und kaufmännisch orientierten Funktionsbereichen /42/ und aufgrund ihres hohen Aggregationsgrades kaum als operationales Hilfsmittel für den Planungsingenieur. Die betriebsanalytischen Verfahren ermöglichen bei vertretbarem Aufwand keine ganzheitliche Betrachtung der Produktion, sondern optimieren einzelne Einflußgrößen. Sie basieren auf der Analyse von Vergangenheitswerten. Eine Bewertung von Rationalisierungsmaßnahmen im Planungsstadium in bezug auf ihre Auswirkungen ist nur mit Hilfe von Schätzungen möglich. Schätzungen liefern grobe Anhaltswerte, da sie durch subjektive Einschätzungen geprägt und deswegen mit hohen Unsicherheiten behaftet sind.

Bessere Aussagen im Planungsstadium über Auswirkungen von Rationalisierungsmaßnahmen werden durch Simulationsverfahren mit Hilfe von Unternehmensmodellen erzielt. Durch eine Abbildung des Unternehmens oder von Teilbereichen in Modellen können Entscheidungen getestet werden, ohne in der Realität experimentieren zu müssen (s. hierzu z.B. /43/). Unternehmensmodelle werden u.a. von Forrester /44/ und Stübel /45/ beschrieben. Die Erstellung von Unternehmensmodellen wird meist auf der Grundlage der Systemtheorie /46,47/ vorgenommen. Die bekannten Unternehmensmodelle bedürfen einer speziellen Qualifikation des Anwenders und sind kaum eingesetzt.

Die Literaturanalyse ergibt, daß für die Planung der einzelnen Produktionsfaktoren sowie die Realisierung der betrieblichen Grundaufgaben Lösungen angeboten werden. Neben allgemein gehaltenen Handlungsmodellen zum Planungsprozeß, die eine Systematisierung der Vorgehensweise sicherstellen sollen, existieren Verfahren, die die Ermittlung und Bewertung von alternativen Maßnahmen für begrenzte Problemstellungen im Rahmen einer Ausführungsplanung ermöglichen. Diese Verfahren sind speziell für Aufgaben einzelner Funktionsbereiche entwickelt worden und werden entsprechend eingesetzt.

2.4 Zielsetzung und Vorgehensweise

Im Rahmen der in Abschnitt 2.2 aufgezeigten Problematik sind insbesondere zwei Probleme bisher nicht behandelt oder nicht befriedigend gelöst worden:

1. Voraussetzung für einen optimalen Einsatz von Planungskapazitäten und begrenzt verfügbaren Mitteln zur Rationalisierung ist eine funktionsbereichsübergreifende Analyse der Produktion. Eine derartige Analyse mit Hilfe der beschriebenen, zur Lösung von Einzelproblemen entwickelter Verfahren würde sehr aufwendig. Ein rationell einsetzbares Verfahren zur Produktionsanalyse ist nicht bekannt.

2. Zur Quantifizierung von Rationalisierungspotentialen und der zu erwartenden Auswirkungen von Rationalisierungsmaßnahmen werden Verfahren zum begrenzten Einsatz innerhalb einzelner Funktionsbereiche der Produktion vorgeschlagen. Für die Lösung dieser Probleme im Bereich der Aufbau- und Ablauforganisation in bezug auf ein effizientes Zusammenwirken verschiedener Funktionsbereiche liegen kaum Erkenntnisse vor.

Ziel dieser Arbeit ist es, durch die Entwicklung eines Analyseverfahrens zur Ermittlung und Bewertung von Rationalisierungsmaßnahmen unter besonderer Berücksichtigung des Zusammenwirkens von Funktionsbereichen einen Beitrag zur Lösung dieser beiden Probleme zu leisten. Ein derartiges Verfahren ist aus ingenieurmäßiger Sicht zu entwickeln, da bei der Durchdringung und Erklärung der fertigungswirtschaftlichen Aspekte exakte Kenntnisse der technologischen Zusammenhänge Voraussetzung ist.

Bild 4 stellt das Vorgehen bei der Entwicklung des hier vorgeschlagenen Verfahrens zur Produktionsanalyse dar. Zunächst wird zur Durchführung des Analyseprozesses eine Vorgehensweise entwickelt. Diese enthält Arbeitsschritte, denen geeignete Methoden und Hilfsmittel zuzuordnen sind. Die Vorgehensweise sowie die eingesetzten Methoden und Hilfsmittel müssen zur Sicherstellung eines rationellen Analyseablaufes eine Reduktion der komplexen Zusammenhänge der Produktion auf lösbare Einzelprobleme gewährleisten. Weitere Anforderungen an das Verfahren sind:

- Operationalität für betriebliche Planungsabteilungen
- Gewährleistung einer flexiblen Analysetiefe
- Funktionsbereichsübergreifende Betrachtungsweise.

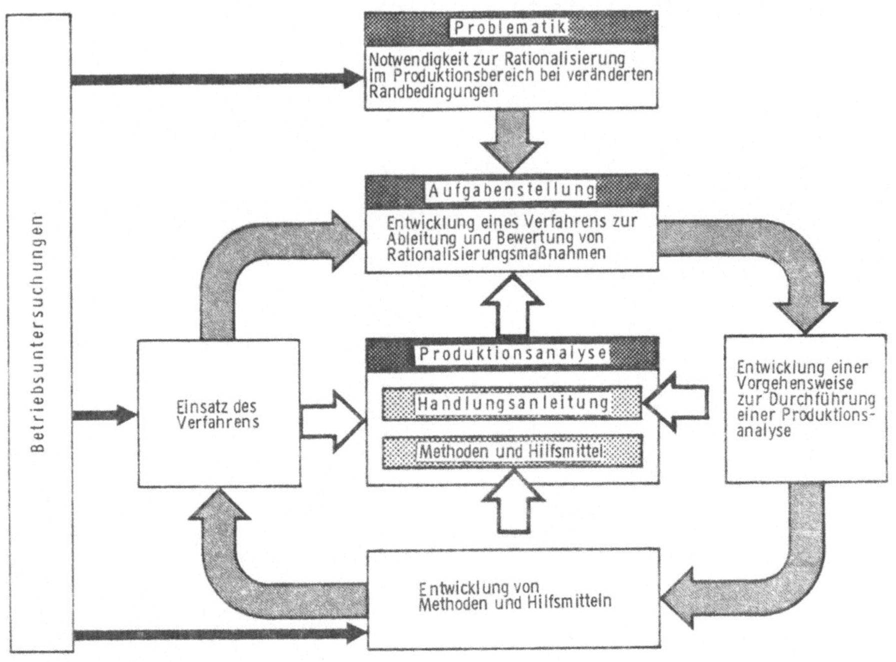

Bild 4: Vorgehen bei der Entwicklung eines Verfahrens zur Produktionsanalyse

Als Voraussetzungen für die Entwicklung des Analyseverfahrens sind Möglichkeiten zur Quantifizierung von Rationalisierungspotentialen, zur Ableitung von Rationalisierungsmaßnahmen sowie zur Quantifizierung der Auswirkungen dieser Maßnahmen im Planungsstadium zu schaffen. Dies erfordert Kenntnisse über relevante Einflußgrößen der Produktion und deren Wirkzusammenhängen. Die Problematik entsprechender Untersuchungen besteht einerseits in einer großen Anzahl zu berücksichtigender Einflußgrößen (s. auch Abschn. 2.2), andererseits im "Versuchsfeld Praxis", in dem eine Isolierung von Einzeleinflüssen für exakte Messungen schwierig ist.

Zur Gewährleistung der Anwendbarkeit des Verfahrens in der Praxis wird ein empirischer Forschungsansatz gewählt. Das Analyseverfahren wird auf der Grundlage empirisch erhobener Produktionsdaten verschiedener Unternehmen entwickelt, in Betriebsuntersuchungen eingesetzt und iterativ verbessert.

3 ENTWICKLUNG EINER VORGEHENSWEISE ZUR PRODUKTIONSANALYSE

Die Ermittlung und Bewertung von Rationalisierungsmaßnahmen ist ein Planungsprozeß. Das Verfahren zur Produktionsanalyse soll diesen Planungsprozeß systematisieren. Ein derartiges Verfahren muß eine Handlungsanleitung für das Vorgehen im Analyseprozeß enthalten, die die zeitliche Folge von Arbeitsstufen fixiert.

3.1 Zur Problematik der Komplexität einer Produktionsanalyse

Wie bereits im Kapitel 2.2 beschrieben wurde, stellt die Aufgabenstellung einer Produktionsanalyse aufgrund der Anzahl und Art der Einflußgrößen des Unternehmensbereiches Produktion ein komplexes Problem dar. Um den Anforderungen an das Analyseverfahren in bezug auf die Operationalität und einen begrenzten Aufwand zur Durchführung gerecht zu werden, ist dieses komplexe Problem in lösbare Teilprobleme zu zergliedern. Die Lösung des Problems erfolgt dabei indirekt durch Lösung seiner Teilprobleme (s. hierzu auch die Thesen zur Zerlegbarkeit komplexer Gestaltungsprobleme bei Gabele /48/).

Die zielorientierte Zergliederung in Teilprobleme ist auf der Basis einer <u>kontrollierten</u> Reduktion der Komplexität vorzunehmen. Man spricht von einer <u>kontrollierten</u> Reduktion, wenn die für eine Vereinfachung notwendige Vernachlässigung in der Realität vorhandener Einflußgrößen bewußt geschieht. Bendixen und Kemmler /49/ nennen mehrere Möglichkeiten zur kontrollierten Reduktion der Komplexität. In der vorliegenden Arbeit werden im wesentlichen folgende Ansätze verwendet:

- Segmentierung des Analyse<u>prozesses</u> sowie des Analyse<u>objektes</u>
- Abbildung von Problemzusammenhängen in Modellen.

3.2 Stufen der Produktionsanalyse

Die Auswahl von Rationalisierungsprojekten in bezug auf ihre Vorzugswürdigkeit stellt eine betriebliche Entscheidung dar. Jede betriebliche Entscheidung läßt sich auffassen als ein in mehreren Phasen ablaufender Prozeß /50/. Unter "Entscheidung im engeren Sinn" ist die Festlegung eines bestimmten Lösungsweges für ein Problem zu verstehen (Wahlakt zwischen Alternativen), die "Entscheidung im weiteren Sinn" umschließt demgegenüber auch vorbereitende Phasen, wie die Bestimmung des Problems und die Suche und Bewertung alternativer Lösungswege /51/. Für die Aufgabenstellung der Produktionsanalyse liegt der Schwerpunkt auf den vorbereitenden Phasen einer Entscheidung. Funktionen des Analyseprozesses sind das "Kontrollieren von Zuständen" und die "Planung alternativer Lösungen".

Das "Kontrollieren" ist in sich ein Entscheidungsprozeß, bei dem die Aufgabenstellung Problemerkennung im Vordergrund steht. Als Kontrolle sei diejenige Funktion im Analyseprozeß verstanden, durch die Abweichungen von der Zielgröße innerhalb zulässiger Grenzen gehalten werden. Führt der Soll-Ist-Vergleich zu einem negativen Ergebnis, das durch eine "übliche" Entscheidung in Form einer begrenzten Korrektur des Betriebsgeschehens nicht beseitigt werden kann, so setzt ein Suchprozeß nach neuen Lösungsmöglichkeiten ein, der erst abgebrochen wird, wenn eine zufriedenstellende Lösung gefunden ist. Dieser Suchprozeß läßt sich wiederum als Entscheidungsprozeß auffassen, der die typischen Merkmale eines Planungsprozesses trägt und erst durch eine Ausnahmesituation im Kontrollprozeß ausgelöst wird.

In Bild 5 ist eine Ablauflogik dargestellt, die zur Realisierung der Funktionen des Analyseprozesses jeweils getrennte Entscheidungsprozesse beinhaltet. Diese Ablauflogik wird als Vorgehensweise zur Produktionsanalyse vorgeschlagen. Zur Wahrnehmung der Kontroll- und Planungsfunktion sind verschiedene Teilaufgaben zu lösen, die in Arbeitsstufen sequentiell bearbeitet werden.

Arbeitsstufen zur Ausführung der Kontrollfunktion sind eine Istzustandsanalyse und ein Soll-Ist-Vergleich. Der Soll-Ist-Vergleich

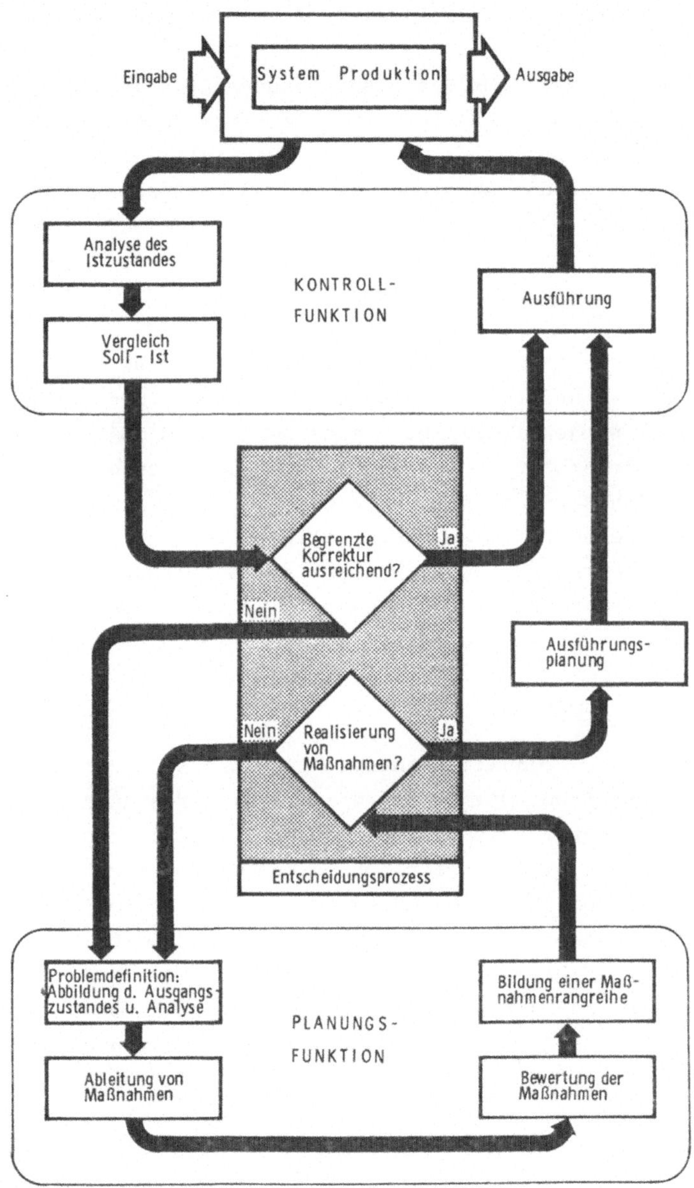

Bild 5: Vorgehensweise zur Produktionsanalyse

dient zur Erkennung von Rationalisierungspotentialen und stellt den Auslöser zur Wahrnehmung der Planungsfunktion dar. Voraussetzung für die Auswahl von Rationalisierungsmaßnahmen, die im Rahmen einer Ausführungsplanung detailliert bearbeitet werden sollen, ist die Ableitung und Bewertung prinzipieller, alternativer Maßnahmen. Für die Ableitung derartiger Maßnahmen muß in der Arbeitsstufe Problemdefinition der Ausgangszustand der Produktion detailliert in bezug auf Schwachstellen sowie deren Ursachen analysiert werden.

Die Ergebnisse der einzelnen Arbeitsstufen sollen für den im Analyseprozeß zweimal auftretenden Entscheidungsakt "im engeren Sinn" - der letztlich subjektiv bleibt - eine weitgehend objektive Basis schaffen. Die Arbeitsstufen der Ausführungsplanung und der Ausführung wurden zur Verdeutlichung der Zuordnung der Produktionsanalyse innerhalb der Aufgabenstellung Produktionsplanung im Bild 5 aufgenommen. Sie werden nicht als Arbeitsstufen der Produktionsanalyse betrachtet und es sei auf die in Kapitel 2.3 aufgeführte Literatur verwiesen.

3.3 Methodenauswahl

Je Arbeitsstufe der Produktionsanalyse sind unterschiedliche Teilaufgaben zu bearbeiten. Die Lösung dieser Teilaufgaben ist durch den Einsatz geeigneter Methoden zu systematisieren. Anforderungen an die Methoden sind Versachlichung und Reproduzierbarkeit des Lösungsweges. Die Methoden müssen von den potentiellen Anwendern - den Planungsabteilungen des Produktionsbereiches - anwendbar sein und eine rationelle Analysedurchführung gewährleisten. Im folgenden wird zur Realisierung der Kontrollfunktion und der Planungsfunktion des Analyseprozesses eine Auswahl von Methoden vorgenommen.

3.3.1 Realisierung der Kontrollfunktion

Im Rahmen der Kontrollfunktion sind die Arbeitsstufen "Analyse des Istzustandes" und "Soll-Ist-Vergleich" zu bearbeiten. Für die Auswahl geeigneter Methoden bietet es sich an, von einer Klassifizierung von Problementstehungsbereichen der Produktion auszugehen. Betrachtet man die Produktion als System, können auf der Grundlage der Systemanalyse in Anlehnung an Johnson, Newell und Vergin /52/ die Problementstehungsbereiche Umwelt, Eingabe/ Ausgabe, Elemente und Beziehungen zwischen den Elementen des Systems definiert werden.

Entsprechend diesen Problementstehungsbereichen lassen sich Umweltanalysen, Eingabe-Ausgabe-Analysen, Schnittstellenanalysen und Elementenanalysen zur Kontrolle des Systems Produktion durchführen.

Die Umweltanalyse wird zur Erarbeitung von Prognosen in bezug auf die langfristigen Entwicklungen systemexterner Einflußgrößen eingesetzt. Die Ergebnisse wirken sich auf die Unternehmensziele aus, die die Grundlage für die Bewertung eines Istzustandes darstellen. Eingabe-Ausgabe-Analysen ermöglichen Aussagen über die Wirksamkeit eines Systems. Elementenanalysen und Schnittstellenanalysen geben Aufschluß über die Art, Anzahl und Eigenschaften von Teilsystemen und deren Beziehungen untereinander.

Bei der Durchführung von begrenzten Analysen in Teilsystemen der Produktion besteht die Gefahr von Suboptimierungen. Probleme entstehen nicht nur innerhalb von Teilsystemen, sondern oft gerade bevorzugt an den Stellen, an denen zwei Bereiche miteinander verknüpft sind /53/. Zur Kontrolle des "Zusammenwirkens" von Funktionsbereichen sind daher funktionsbereichsübergreifende Betrachtungen notwendig, die sich mit Hilfe von Schnittstellen- und Elementenanalysen nur mit erheblichem Aufwand realisieren lassen. Unter Berücksichtigung des Aufwandes eignet sich zur Wahrnehmung der Kontrollfunktion eine Eingabe-Ausgabe-Analyse auf der Basis der Methode "Schwarze Kiste", mit der die Beurteilung der Wirksamkeit eines Systems ohne die Kenntnis systeminterner Zusammenhänge möglich ist.

Wesentliche Probleme für den Einsatz einer Eingabe-Ausgabe-Analyse bestehen darin, geeignete Meßgrößen zum Quantifizieren des Zusammenwirkens von Funktionsbereichen sowie einen Maßstab für die Güte dieses Zusammenwirkens zu ermitteln. Das Problem der Quantifizierung läßt sich mit Hilfe problembezogener Kennzahlen vornehmen, die sich unter Verwendung direkt meßbarer Produktionsdaten berechnen lassen. Die Beurteilung der "Güte" eines Systems wird mit Hilfe von Relativmessungen möglich. Geeignet sind Längsschnittvergleiche, die die Entwicklung der Meßgröße über der Zeitachse verfolgen, und Querschnittsvergleiche, die Teilbereiche der Produktion oder auch externe Betriebe zu definierten Zeitpunkten vergleichen. Weiterhin lassen sich Erfahrungswerte und auch betriebsspezifisch - auf der Basis idealisierender Annahmen - Idealwerte als Maßstab verwenden.

3.3.2 Realisierung der Planungsfunktion

Aufgabe der Planungsfunktion im Analyseprozeß ist es, ausgehend von einer Zustandsanalyse einer Ausgangssituation prinzipielle Ansätze zur Verbesserung zu erkennen und in bezug auf ihre Vorzugswürdigkeit zu bewerten. Im Gegensatz zur Kontrollfunktion sind für diese Aufgabenstellung Kenntnisse der systeminternen Zusammenhänge Voraussetzung. Mit Hilfe von Schnittstellen- und Elementenanalysen des Systems Produktion sind Schwachstellen zu erkennen und geeignete Maßnahmen abzuleiten. Als Methoden zur Durchführung dieser Arbeitsstufen kommen die in der Literatur u.a. bei /13/ und /29/ beschriebenen Problemaufbereitungsmethoden und Suchmethoden, z.B. ABC-Analysen (detailliert beschrieben in /54/) sowie Kreativitätsmethoden in Betracht.

Wesentliche Voraussetzungen für den effizienten Einsatz derartiger Methoden ist die Kenntnis der wichtigen Einflußgrößen, die das Zusammenwirken von Funktionsbereichen charakterisieren. Hilfsmittel zur Erarbeitung von Maßnahmen sind Gestaltungsleitlinien sowie Kataloge allgemeiner Lösungsalternativen.

Die Bewertung von Maßnahmen stellt - wie in Kapitel 2.2 beschrieben - ein komplexes Problem dar. Unter der Zielsetzung "Rationalisierung" ist die Wirtschaftlichkeit der als realisierbar erkannten Maßnahmen von besonderem Interesse. Zur Beurteilung der Wirtschaftlichkeit von Rationalisierungsmaßnahmen im Produktionsbereich ist im Analysestadium der Aufwand zur Realisierung sowie die wahrscheinliche Wirksamkeit der Maßnahmen zu prognostizieren. Als Methode zur Bewertung wird für die Aufgabenstellung der Planungsfunktion eine Kosten-Effektivitäts-Analyse (KEA) vorgeschlagen. Im Rahmen der KEA werden Aufwände für Rationalisierungsmaßnahmen in Geldeinheiten ins Verhältnis zu einem Zielertrag anderer Dimension gesetzt, im vorliegenden Fall einer das "Zusammenwirken von Funktionsbereichen" charakterisierenden Meßgröße. Die KEA gehört zur Klasse der objektiven, beschränkt mehrdimensionalen Bewertungsmethoden /13/. Vorteil dieses Bewertungstyps ist die weitgehende Vermeidung subjektiver Einflüsse, außerdem lassen sich Zielertragsmaße unterschiedlicher Dimensionen verwenden.

Auf die Quantifizierung von Aufwänden zur Realisierung von Rationalisierungsmaßnahmen wird in dieser Arbeit nicht näher eingegangen, da entsprechende Methoden in der Literatur ausführlich diskutiert werden. An dieser Stelle sei hierzu beispielhaft auf Warnecke u.a. /55/ verwiesen. Wesentlich problematischer ist die Quantifizierung der Effektivität (Wirksamkeit) von Rationalisierungsmaßnahmen, die in der vorliegenden Arbeit für die Aufgabenstellung einer KEA im Rahmen der Planungsfunktion der Produktionsanalyse behandelt werden soll.

Wie bereits in Kapitel 2.2 beschrieben, lassen sich die Auswirkungen von Rationalisierungsmaßnahmen für das komplexe System Produktion aufgrund der Anzahl und Art zu berücksichtigender Einflußgrößen nicht mit Hilfe exakter Verfahren im Analysestadium bestimmen. In der betrieblichen Praxis werden zur Lösung derartiger Aufgaben meist Schätzungen auf der Basis von Erfahrungswerten vorgenommen. Schätzungen können mit gutem Erfolg bei der Bearbeitung von Einzelaspekten für Teilbereiche der Produktion eingesetzt werden. Schätzungen in bezug auf das komplexe Gesamtsystem Produktion führen zu Fehlern und sind stets subjektiv geprägt. Für die funktionsbereichsübergreifende Betrachtungsweise der Produktionsanalyse ist für die Quantifizierung der Wirksamkeit von alternativen Maßnahmen die Methode der Simulation am besten geeignet.

Die Simulation läßt sich beschreiben als rechnerische Nachbildung realer Sachverhalte. Charakteristikum einer Simulation ist die Postulierung eines Systemmodells, das möglichst weitgehend die Realität abbildet /57/, aber aufgrund seiner problembezogenen ausgewählten Systembestandteile weniger komplex und daher für den Anwender handhabbar und transparent ist. Dem Systemmodell kommt bei der Simulation eine besondere Bedeutung zu, da Erkenntnisse aus Experimenten am Modell Rückschlüsse auf die - weit komplexere - Realität ermöglichen sollen. Verschiedene Einsatzmöglichkeiten der Simulation im Produktionsbereich beschreiben Wegner und Heinemeyer /56/.

Die Forderungen nach Operationalität des Verfahrens sowie minimalem Aufwand zur Durchführung bedingen die Entwicklung eines einfach zu handhabenden Simulationsmodelles, das dennoch die für eine Produktionsanalyse notwendige Aussagefähigkeit besitzt.

3.4 Methodenbezogene Modellentwicklung

Für die Problemstellung Produktionsanalyse werden zur Realisierung der Kontrollfunktion die Methode der Eingabe-Ausgabe-Analyse mit Hilfe von geeigneten Kennzahlen, für die Realisierung der Planungsfunktion neben Problemaufbereitungs- und Suchmethoden die Methode der Simulation vorgeschlagen. Voraussetzung für die Anwendung dieser Methoden ist die Entwicklung angepaßter Modelle des Unternehmensbereiches Produktion. Die Vorgehensweise dieser Arbeit bei der Entwicklung entsprechender Modelle ist in Bild 6 dargestellt.

Zur Quantifizierung des Zusammenwirkens von Funktionsbereichen wurde zunächst ein Kennzahlenmodell erarbeitet, das die Bewertung von Zuständen der Produktion ermöglicht. Mit Hilfe dieses Kennzahlenmodells wurden in verschiedenen Unternehmen Einflußgrößenanalysen durchgeführt, die die Basis für die Entwicklung eines Simulationsmodelles darstellen. Das Simulationsmodell wurde im Rahmen von Produktionsanalysen eingesetzt und iterativ verbessert. Auf der Grundlage der gewonnenen Erkenntnisse bei der Modellentwicklung konnten Hilfsmittel für die Durchführung der Produktionsanalyse vorgeschlagen werden.

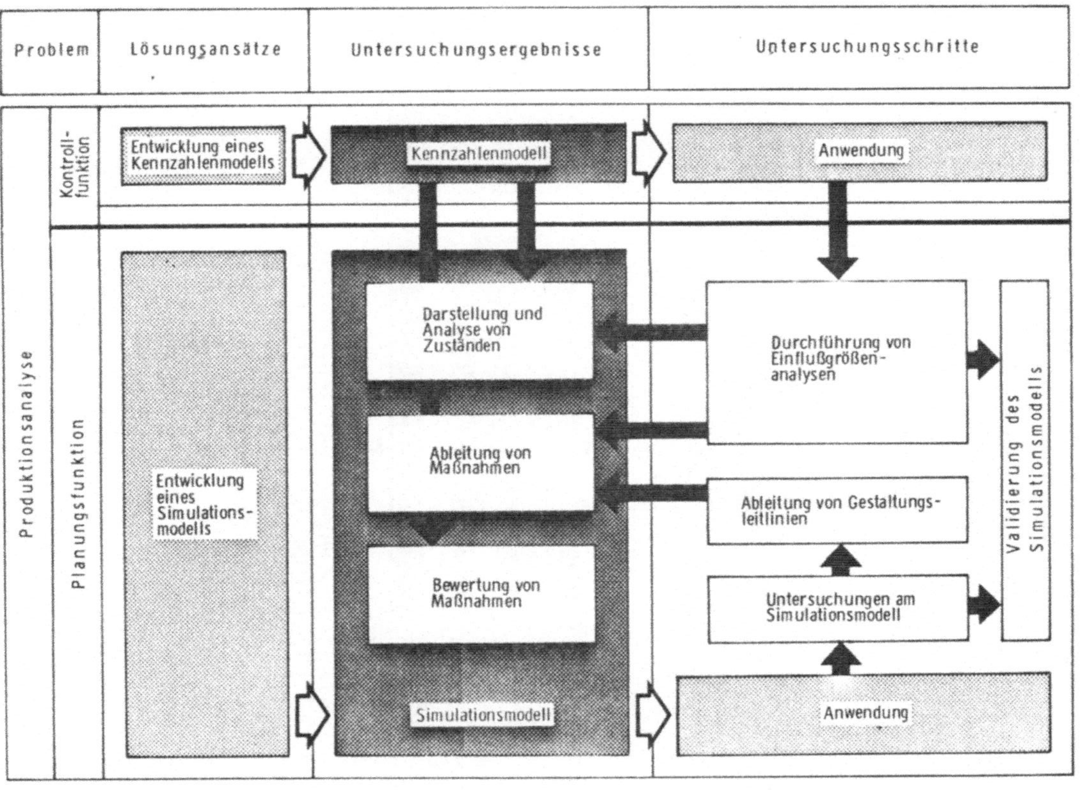

Bild 6: Entwicklung von Modellen der Produktion

4 ENTWICKLUNG EINES KENNZAHLENMODELLS FÜR DIE KONTROLLFUNKTION

4.1 Lösungsansatz

Voraussetzung für die Entwicklung eines problemangepaßten Kennzahlenmodelles ist, einen Lösungsansatz zur Quantifizierung des Zusammenwirkens von Funktionsbereichen der Produktion aufzuzeigen. Die dieser Arbeit zugrundeliegende Gliederung des Unternehmensbereiches Produktion in Funktionsbereiche ist im Bild 7 dargestellt.

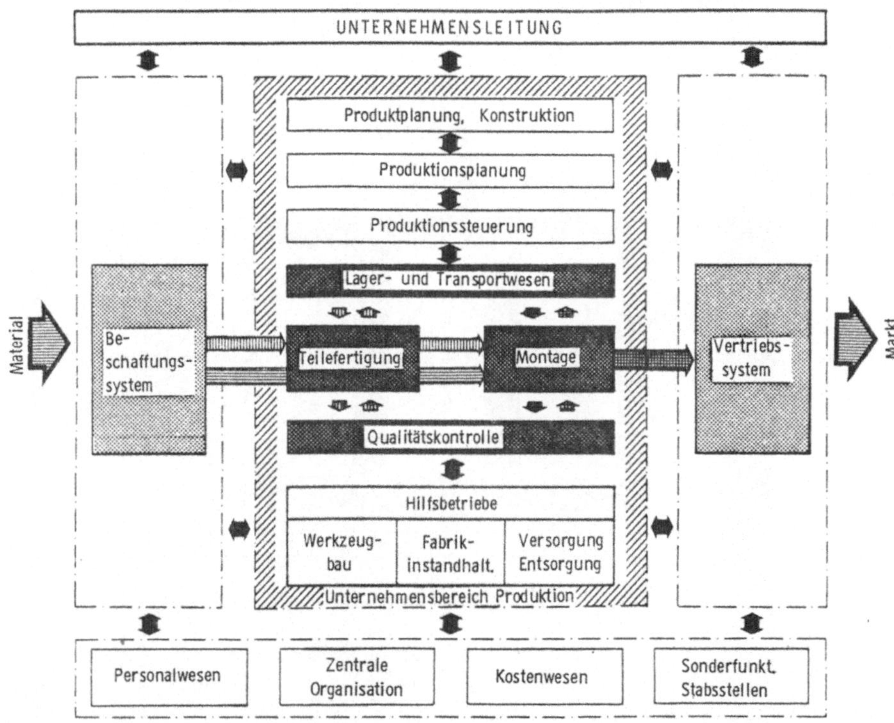

Bild 7: Der Unternehmensbereich Produktion und dessen Gliederung in Funktionsbereiche

Der Produktionsprozeß läßt sich gliedern in Aufgabenstellungen, die vor und während der Erzeugnislaufzeit zu bearbeiten sind. Bis auf eine begleitende Betreuung und Sicherstellung eines Erfahrungsrückflusses für Neuplanungen sind die Funktionen der Bereiche Konstruktion und Produktionsplanung schwerpunktartig vor der Erzeugnislaufzeit wahrzunehmen. Dies gilt insbesondere für die Serien- und Großserienfertigung. Für die Erstellung der Produkte während der Erzeugnislaufzeit läßt sich das Zusammenwirken von Funktionsbereichen vereinfachend auf die Bereiche Produktionssteuerung, Fertigung (Teilefertigung und Montage, Qualitätskontrolle, Lager- und Transportwesen), sowie die Hilfsbetriebe eingrenzen.

Diese Bereiche stellen für die vorliegende Arbeit das Analyseobjekt dar, das es in bezug auf das Zusammenwirken seiner Teilbereiche zu optimieren gilt. Die "Güte" des Zusammenwirkens ist somit in diesen Teilbereichen zu messen. Ursachen in bezug auf schlechtes Zusammenwirken sind auch in den Funktionsbereichen Konstruktion und Produktionsplanung zu suchen. So zeigt eine Untersuchung von REFA /54/, daß die Fertigung, (einschließlich Materialeinsatz) zwar über 60 % der anfallenden Kosten verursacht, aber nur etwa 10 % dieser Kosten verantwortet. Circa 90 % der anfallenden Kosten in der Produktion sind von der der Fertigung vorgeschalteten Bereichen zu verantworten,da sie maßgeblich den Produktionsprozeß bereits vor der Erzeugnislaufzeit bestimmen.

Konstruktion, Produktionsplanung und -steuerung sowie die Hilfsbetriebe (indirekte Bereiche) können als Dienstleistungsbereiche verstanden werden, die alle zur Herstellung von Produkten notwendigen Hilfsmittel für die Fertigung (direkter Bereich) schaffen und optimal gestalten sollen. Das bedeutet, daß eine Analyse des direkten Bereichs zur Schwachstellenerkennung auch Rückschlüsse auf den indirekten Bereich erlaubt. Dieser Ansatz ermöglicht zur Quantifizierung des Zusammenwirkens von Funktionsbereichen im Rahmen der Kontrollfunktion eine Eingrenzung der Analyse auf den direkten Bereich der Produktion. Analysen zur Ableitung von Rationalisierungsmaßnahmen im Rahmen der Planungsfunktion hingegen sind ursachenbezogen für alle Funktionsbereiche der Produktion durchzuführen.

Eine Analyse der Zeitaufwände im direkten Bereich der Produktion hat sich zur Schwachstellenerkennung aufgrund der Meßbarkeit besonders bewährt. Im Bild 8 werden Zeitaufwände klassifiziert und Rationalisierungspotentiale definiert.

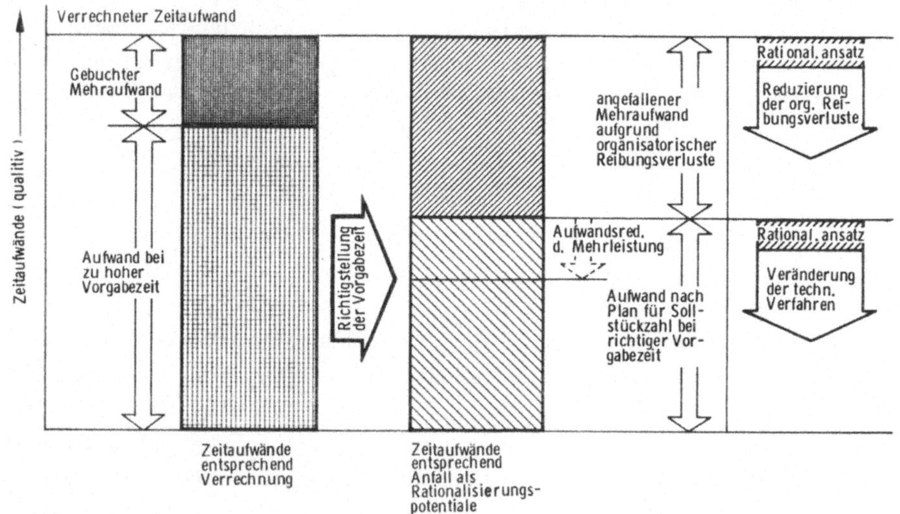

Bild 8: Klassifikation von Zeitaufwänden

Im Produktionsbereich entstehen neben den Zeitaufwänden nach "Plan" sogenannte zeitliche Mehraufwände, die in dieser Arbeit als "organisatorische Reibungsverluste" bezeichnet werden. Aufwände nach "Plan" sind Fertigungszeiten, die sich mit Hilfe der Vorgabezeiten der Arbeitspläne für definierte Produktionsaufgaben ermitteln lassen. Nach REFA /54/ ist die Vorgabezeit die für eine bestimmte Arbeit ermittelte Zeit, die dem Arbeitenden für die eigentliche Ausführung der Arbeit bei Normalleistung und für notwendige Erholungs- und Bedürfniszeiten zugestanden wird.

Wesentlich ist die Erkenntnis, daß in vielen Unternehmen aufgrund zu hoher Vorgabezeiten die Verteilung der Zeitaufwände entsprechend Anfall stark abweicht. Aufgrund dieses Zustandes bleibt die Höhe der zwei Aufwandsarten - die gleichzeitig unterschiedliche

Rationalisierungspotentiale darstellen - intransparent.

Der Aufwand nach "Plan" läßt sich durch verschiedene Rationalisierungsmaßnahmen, z.B. der Veränderung der eingesetzten Technologien oder veränderter Mechanisierung, verringern. Entsprechende Rationalisierungsansätze werden in der Literatur ausführlich diskutiert und seien hier ausgeklammert. Die Mehraufwände gegenüber Planvorgabe - das Rationalisierungspotential der organisatorischen Reibungsverluste - eignen sich zur Quantifizierung der "Güte" des Zusammenwirkens von Funktionsbereichen. Sie entsprechen dem Rationalisierungspotential, das in dieser Arbeit angesprochen wird. Als Lösungsansatz für die Kontrollfunktion des Analyseprozesses wird ein Soll-Ist-Vergleich der Zeitaufwände auf der Basis von Planzeiten vorgeschlagen. Als Hilfsmittel wird im folgenden das Zeitwertmodell vorgestellt.

4.2 Das Zeitwertmodell

Das Zeitwertmodell ist ein Kennzahlenmodell des direkten Bereichs der Produktion. Mit Hilfe der Kennzahl Zeitwert*) wird auf der Basis einer Eingabe-Ausgabe-Analyse die "Güte" des Zusammenwirkens der Funktionsbereiche quantifiziert. Kennzahlen sind nach /58/ "Verhältniszahlen mit sinnvoller Aussage über Unternehmen, Betriebe oder Betriebsteile". Es lassen sich 3 Arten von Kennzahlen unterscheiden: Gliederungszahlen, Beziehungszahlen und Meß-/Indexzahlen. Die hier diskutierte Kennzahl "Zeitwert" gehört zu den Beziehungszahlen, die nach /35/ "den eigentlichen Spielraum für das Operieren mit Kennzahlen" ermöglichen.

4.2.1 Definition und Abgrenzung des Zeitwertes

Der Zeitwert (ZW) ist in dieser Arbeit definiert als der Quotient aus Produktionsausstoß je Zeitabschnitt (ZA) ausgedrückt in Planvorgabezeit (min) - Gutstückzahl der gelieferten Fertigprodukte des betrachteten Fertigungsbereichs multipliziert mit den jeweiligen

---

*) Anmerkung: Der Begriff Zeitwert wird in der Betriebswirtschaftslehre in einem anderen Zusammenhang verwendet, vgl. hierzu auch Wöhe, G.: Einführung in die Allgemeine Betriebswirtschaftslehre. München: Verlag Vahlen, 1974.

Vorgabezeiten pro "Produkt" der Arbeitspläne - und der entsprechenden, dem betrachteten System zur Verfügung stehenden effektiven Personalkapazität (ZE) in Minuten (s. Bild 9).

(1) $$ZW = \frac{ZA}{ZE}$$

Die effektive Personalkapazität pro Periode ergibt sich aus der Anwesenheitszeit der produktiven Mitarbeiter (Normalarbeitszeit plus Überstunden), reduziert um festgelegte Erholungszeiten (nicht aber sachliche und persönliche Verteilzeiten), multipliziert mit dem durchschnittlichen Leistungsgrad des betrachteten Fertigungsbereiches. Für die im Fertigungsbereich auftretenden Zeitverluste (ZV) gilt

(2) $$ZV = ZE - ZA$$

Der Zeitwert entspricht aufgrund seiner Définition einer Leistungskennzahl des direkten Bereiches der Produktion und muß gegen ähnliche, in der Literatur bekannte Kennzahlen abgegrenzt werden.

Die Produktivität nach REFA /54/ ist definiert als das Verhältnis von Ausbringung zu Einsatz eines Systems. Auf der Grundlage dieser allgemeinen Definition ist der Zeitwert eine Produktivitätskennzahl. Die in diesem Zusammenhang besonders interessierende Arbeitsproduktivität ist die mengenmäßige Leistung, bezogen auf den mengenmäßigen Arbeitseinsatz. Der Zeitwert hingegen ist eine reine Zeitbetrachtung und ermöglicht dadurch auch direkte Vergleiche von Teilbereichen der Produktion mit unterschiedlichen Fertigungsaufgaben, eine Voraussetzung für die vorliegende Aufgabenstellung.

Für den Zeitgrad /58/ - Summe der Vorgabezeiten zu Summe der Ist-Zeiten je Periode - werden für die Ist-Zeiten die den Fertigungsaufträgen zuzuordnenden abgerechneten Zeiten ohne Hilfszeiten verwendet. Die benötigten Hilfszeiten sind aber im wesentlichen das hier angesprochene Rationalisierungspotential, das mit Hilfe der Zeitwertbetrachtung transparent wird.

Der Fertigungsgrad /58/ ist definiert als Quotient von Fertigungszeiten und Fertigungszeiten plus Hilfszeiten. Im Gegensatz zum Fertigungsgrad wird im Zeitwert die Gutstückzahl des Produktionsausstosses - multipliziert mit den Planzeiten - als Bezugsgröße verwendet.

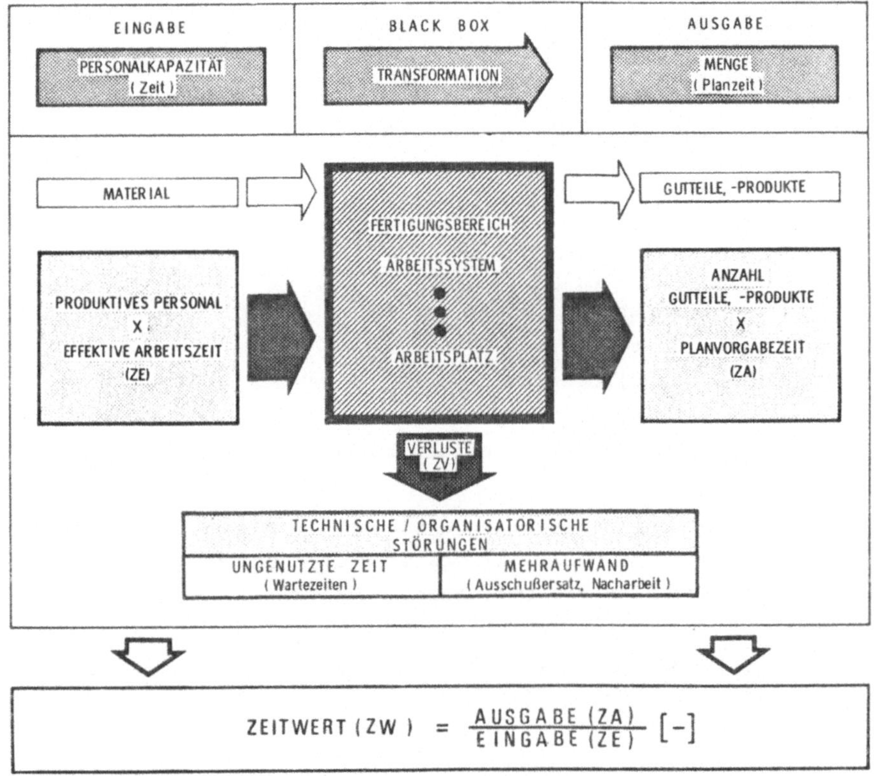

Bild 9: Definition der Kennzahl Zeitwert

In ähnlicher Weise unterscheiden sich der Beschäftigungsgrad (Verhältnis von Personalkapazitäten) und Ausbringungsgrad (reine Mengenbetrachtung) vom Zeitwert (s. auch /58/). Die Auswertung der Literatur ergab keine der Definition des Zeitwertes entsprechende bekannte Kennzahl.

4.2.2 Berechnung von Zeitwerten

Für eine betriebliche Anwendung der Kennzahl Zeitwert im Rahmen der Kontrollfunktion des Analyseprozesses werden im folgenden die Berechnungsformeln beschrieben.

4.2.2.1 Komponenten des Zeitwertes

Zur Durchführung von Analysen mit Hilfe des Zeitwertes sind für definierte Zeitperioden unter Berücksichtigung des Leistungsgrades die Eingabe (effektive Personalkapazität) und die Ausgabe (Produktionsausstoß an Gutstücken in Vorgabezeiten) des betrachteten Systems zu erfassen. Für die Eingabeseite gilt folgende Beziehung (s. auch Bild 10):

$$(3) \qquad ZE_{\tau} = \sum_{i=1}^{I} \sum_{j=1}^{Pi} (T_{ij} - T_{AB}) \frac{LGRAD}{100} \qquad (min),$$

T_{ij} Anwesenheitszeit pro Person j und Arbeitstag i,
T_{AB} Zeitabschläge für Pausen,
LGRAD Leistungsgrad,
P_i Anzahl anwesender Personen pro Arbeitstag i,
τ Betrachteter Zeitabschnitt mit I Arbeitstagen.

Für die Ausgabe ZA (gelieferte Gutstücke) in Planzeiten (Vorgabezeiten te je Produkt/Teil) ergibt sich unter Berücksichtigung von Schwankungen des Umlaufbestandes (ZU) je Zeitabschnitt:

$$(4) \qquad ZA_{\tau} = \sum_{i=1}^{I} \sum_{m=1}^{M} (n_{im} \cdot te_m) + (ZU_I - ZU_1) \qquad (min),$$

n_{im} Fertigungsstückzahl der Produkte m=1,...,M pro Arbeitstag i,
te_m Vorgabezeit pro Produkt m,
ZU_i Umlaufbestand in Vorgabezeit entsprechend Fertigungsfortschritt.

Bei der exakten Ermittlung von Zeitwerten für eine Zeitperiode müssen Schwankungen des Umlaufbestandes (Beginn und Ende des Zeitabschnittes) berücksichtigt werden, da sonst Fehler auftreten. (Beispiel: Der Produktionsausstoß eines Zeitabschnitts ist höher als die in der betrachteten Periode gefertigte Gutstückzahl aufgrund einer Reduzierung des am Beginn der Periode vorhandenen Umlaufbestandes). Der Umlaufbestand ist entsprechend den Größen

ZA und ZE in Vorgabezeiten in Abhängigkeit vom Fertigungsfortschritt zu bemessen. Es ist bereits an dieser Stelle darauf hingewiesen, daß eine exakte Erfassung derartiger Betriebsdaten außerordentlich aufwendig sein kann. Für eine Berücksichtigung von Umlaufbeständen gilt:

$$ZU_i = \sum_{m=1}^{M} (te'_m \cdot nu_m)_i \quad \text{mit } i=1,\dots,I \quad (\text{min}), \tag{5}$$

nu_m Umlaufbestand der Produkte m=1,...,M,
te'_m Vorgabezeit entsprechend Fertigungsfortschritt je Produkt m.

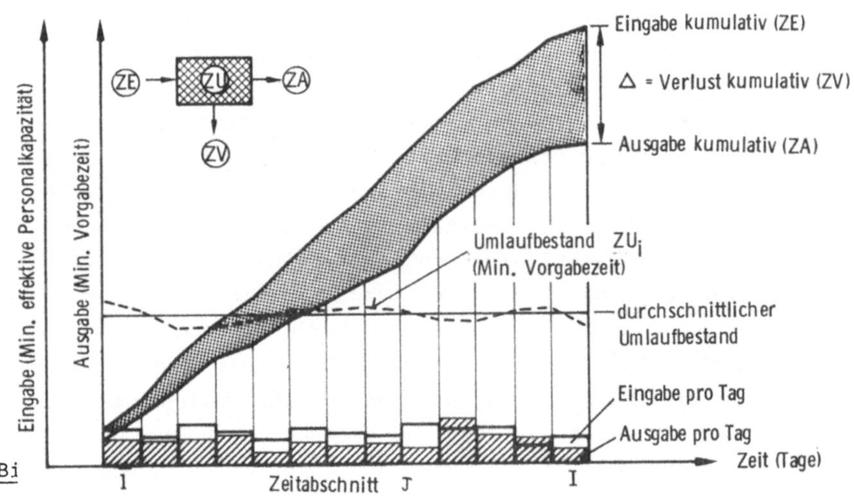

Bi

Aus den Gleichungen 1, 3, 5 ergibt sich für die Berechnung des Zeitwertes

$$ZW = \frac{\sum_{i=1}^{I} \sum_{m=1}^{M} (n_{im} \cdot te_m) + (ZU_I - ZU_1)}{\sum_{i=1}^{I} \sum_{j=1}^{Pi} (T_{ij} - T_{AB}) \frac{LGRAD}{100}} \tag{6}$$

Die vorliegende Berechnung geht vereinfachend von der Annahme aus, daß im betrachteten Zeitabschnitt "gelieferte Gutteile" auch in diesem Zeitabschnitt gefertigt wurden. Diese Vereinfachung ist für den Anwendungsfall einer Produktionsanalyse zur "Planung der Planung" vertretbar.

Für einen Vergleich von Zeitabschnitten wird die Zeitwertveränderung D_{ZW} relativ zu einem Bezugsabschnitt mit folgender Gleichung bestimmt:

$$(7) \qquad D_{ZW_a} = \frac{ZW_a - ZW_\tau}{ZW_\tau} \cdot 100 \qquad (\%)$$

ZW_τ Zeitwert des Bezugsabschnittes,

a Laufindex für Zeitabschnitte 1,...,A.

Als Basisformel zur Berechnung von Zeitwerten in der Praxis ist Gleichung (6) zu verwenden. Die Berechnung von Zeitwerten für Gesamtbetriebe und für längere Betrachtungszeiträume (z.B. 1 Jahr) ist relativ einfach, da die notwendigen Daten (effektiver Personaleinsatz aus Daten der Lohnabrechnung, gelieferte Gutstücke an das Vertriebslager aus der Lieferstatistik, Umlaufbestände aus der Jahresinventur) in den meisten Fällen vorhanden sind. Bei der Betrachtung längerer Zeitabschnitte ist es auch möglich, mit Hilfe eines durchschnittlichen Leistungsgrades sowie mit konstanten Umlaufbeständen ($ZU_1 = ZU_I$, $ZU = 0$) die Berechnung wesentlich zu vereinfachen. Für die Berechnung von Zeitwerten für kleine Zeitabschnitte (Tage, Wochen) und insbesondere für Teilsysteme der Fertigung (z.B. Werkstätten, Fertigung eines speziellen Produktes aus einer größeren Produktpalette) können bei diesen Vereinfachungen Fehler auftreten.

4.2.2.2 Eingabe - Ausgabe - Analyse

Entsprechend der Definition des Zeitwertes ist im Rahmen der vorgeschlagenen Eingabe-Ausgabe-Analyse der personenbezogene Zeiteinsatz den gelieferten Gutstücken des betrachteten Bereichs - ausgedrückt in Planzeiten - gegenüberzustellen. Der personenbezogene Zeiteinsatz, der aufgrund von Mehraufwänden gegenüber Planvorgabe der Herstellung von Gutstücken verloren geht, wird als

Zeitverlust (ZV) bezeichnet. Die Höhe des Zeitwertes als Maß für die Wirksamkeit des betrachteten Bereiches wird bestimmt durch die Höhe der im System auftretenden Zeitverluste. Aus den Gleichungen (1) und (2) ergibt sich

(8) $$ZW = 1 - \frac{ZV}{ZE}$$

Zeitverluste gleich Null sind für komplexe Systeme der Produktion nicht denkbar. Mehraufwände gegenüber Plan binden Personal- und Betriebsmittelkapazitäten(zum Begriff Kapazität s. /59/). Die auftretenden Zeitverluste sind daher bei Kapazitätsplanungen bezüglich Personal-und Betriebsmitteleinsatz zu berücksichtigen, sie stellen für die vorliegende Aufgabenstellung das zu analysierende Rationalisierungspotential dar.

Erfahrungsgemäß wird in der betrieblichen Praxis oft die Eingabeseite bei Kapazitätsbetrachtungen als Bezugsbasis zu 100 % angenommen. Dies bedeutet für die vorliegende Zeitwertbetrachtung eine Ausgabe kleiner 100 %:

(9) $$P_{ZA} = 100 - P_{ZV} \qquad (\%)$$

mit P_{ZA} prozentuale Ausgabe bezogen auf die Eingabe (= 100 %)

P_{ZV} prozentualer Verlustanteil bezogen auf die Eingabe (= 100 %).

Für die vorliegende Eingabe-Ausgabe-Analyse erscheint es sinnvoller, zur Darstellung der zu leistenden Mehraufwände die Ausgabe als Bezugsbasis zu 100 % anzunehmen, da Produktionspläne vertriebsorientierte Sollvorgaben für zu liefernde Gutstückzahlen der Produktion darstellen. Dies gilt insbesondere für die kundenabhängige Auftragsfertigung. Der entsprechende Zeiteinsatz ist dann über die ermittelten Zeitverluste zurückzurechnen. Für die Eingabe ergibt sich:

(10) $$P_{\overline{ZE}} = \frac{100}{1 - \frac{P_{ZV}}{100}} \qquad (\%)$$

mit $P_{\overline{ZE}}$ prozentuale Eingabe bezogen auf die Ausgabe (= 100 %)

Diese Zusammenhänge sind zusammengefaßt in Bild 11 dargestellt. Aus Bild 11 wird deutlich, daß bei steigenden Prozentsätzen der Zeitverluste die einzusetzende Personalkapazität überproportional steigt. So ergibt sich für eine Ausgabe von 100 % bei einem Verlustanteil von 50 % bereits eine Eingabe von 200 % der Planvorgabe. Die in der Praxis häufig angetroffene Näherungsrechnung ($P'_{\overline{ZE}} = P_{\overline{ZA}} + P_{ZV}$) führt bei höheren Verlustprozentsätzen zu erheblichen Abweichungen (s. Bild 12) und sollte nicht verwendet werden.

In den weiteren Ausführungen dieser Arbeit wird als Bezugsbasis für Berechnungen die Ausgabe mit 100 % angenommen.

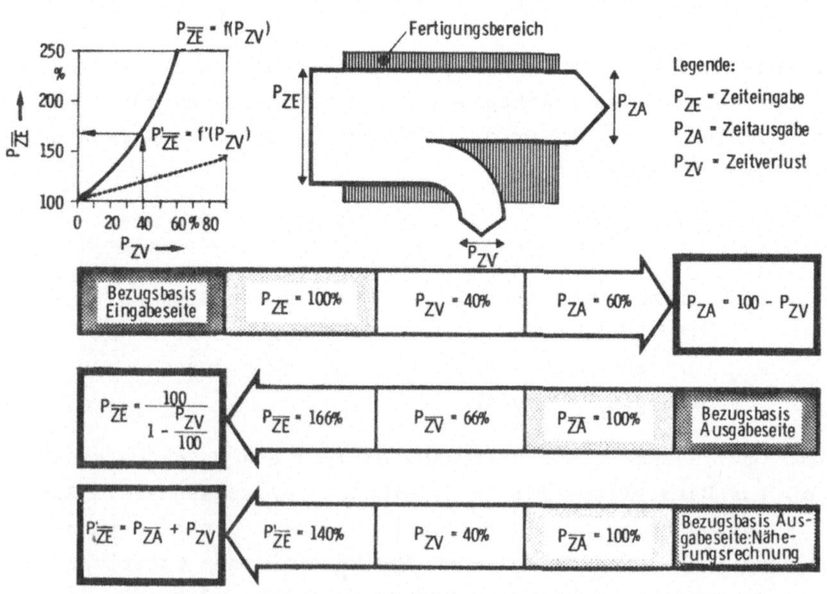

Bild 11: Zur Bezugsbasis der Eingabe-Ausgabe-Analyse

4.2.3 Betriebliche Datenerfassung und -auswertung

Die Datenerfassung und -auswertung für Analysen mit Hilfe des Zeitwertes ist abhängig von der speziellen Analysezielsetzung im konkreten Einzelfall. Grundsätzlich bieten sich für Zeitwertbetrachtungen zwei Methoden an:

1.) Querschnittanalyse
Vergleich von Zeitwerten unterschiedlicher Teilbereiche der Produktion für definierte Betrachtungszeiträume

2.) Längsschnittanalyse
Die Entwicklung des Zeitwertes über der Zeit für definierte Produktionsbereiche. Entwicklungen können intervallbezogen oder kontinuierlich verfolgt werden.

Bei einer Querschnittsanalyse ist auf eine zielorientiert sinnvolle Abgrenzung von Teilbereichen zu achten (Beispiele sind: Gesamtbetrieb, Teilefertigung, Montage, Einzelwerkstätten, Betrachtungen der Fertigung von Produktgruppen).

Für eine Längsschnittanalyse sind als Vergleichszeiträume geeignete Zeitintervalle zu wählen. Besonders beachtet werden muß in bezug auf die Zeitbezogenheit die "Identität der Aussagen" (eindeutige Zuordnung von Daten aller Betriebsbereiche) und die "Wertigkeit der Aussagen". Die Wertigkeit von Aussagen hängt davon ab, ob die quantitative Basis des Datenmaterials ausreicht und ob der Betrachtungszeitraum genügend groß gewählt wird. Die Problematik der Datenerfassung wird ausführlich bei /60,61,62/ beschrieben.

Für einen betrieblichen Zeitwerteinsatz sind abhängig von der Zielsetzung und Komplexität der Fertigungsaufgabe folgende Kriterien wichtig: Datenmenge, Anzahl der Datenquellen, Analysezyklus und notwendige Reaktionszeiten zur Einleitung von Maßnahmen, qualitative Forderungen, Datenübermittlung, Bedingungen am Erfassungsort. Bei der Datenmenge ist zu beachten, daß neben der Erfassung der Ursprungsdaten (für den Zeitwert Mengen und Zeiten) auch identifizierende Daten der Fertigungssteuerung und des Betriebes, Bearbeitungsdaten und Soll-Daten zu verarbeiten sind. Bei der Verarbeitung großer Datenmengen erscheint der Einsatz der elektronischen Datenverarbeitung (EDV) zweckmäßig. Für den Einsatz des Zeitwertes wird dies notwendig bei kontinuierlicher Erfassung, großer Analysetiefe und komplexen Fertigungsabläufen.

4.3 Anwendungsbeispiel

Im folgenden Abschnitt soll anhand eines betrieblichen Anwendungsbeispiels demonstriert werden, inwieweit sich der Zeitwert als Kontrollinstrument im Analyseprozeß eignet. Es handelt sich um ein Beispiel aus einem Unternehmen der Feinwerktechnik, das verschiedene Produktgruppen in großer Variantenvielfalt bei häufigem Typenwechsel in mittleren bis größeren Serien fertigt. Das Unternehmen arbeitet in der Teilefertigung nach dem Werkstättenprinzip, in der Montage nach dem Fließprinzip mit parallelen, getakteten Montagebändern für verschiedene Produktgruppen. Kennzeichend für die Fertigungssituation des Betrachtungszeitraumes waren folgende Randbedingungen:

- o Expansion des Unternehmens und damit zusammenhängend das Anlernen einer großen Zahl neuer Mitarbeiter
- o Neuanlauf mehrerer Produkte
- o Übernahme von Fremdfertigungsteilen in die Eigenfertigung.

4.3.1 Analysezielsetzung und Vorgehensweise

Die Analysezielsetzung des vorliegenden Anwendungsbeispieles war die nachträgliche Analyse und Beurteilung struktureller Fertigungsprobleme eines Zeitraumes von 3 Jahren. Es sollten in bezug auf die Effizienz des Unternehmensbereiches Produktion Erkenntnisse über die Auswirkungen dieser Fertigungsprobleme gewonnen werden. Fertigungsprobleme waren z.B. schwankende Produktionspläne, Zulieferengpässe bei Material und Kaufteilen, Neuanläufe von Produkten, Fertigung von Produkten unterschiedlicher Komplexität in unterschiedlichen Seriengrößen.

Die Analyse wurde mit Hilfe des Zeitwertes und seiner Komponenten als Längsschnittanalyse durchgeführt. Der Zeitwert wurde monatlich auf der Basis der Zeitwertdefinition dieser Arbeit ermittelt, allerdings aus Aufwandsgründen ohne Berücksichtigung von Schwankungen des Umlaufbestandes und von Vorlaufzeiten. Der Leistungsgrad (Monatsdurchschnitt) und Überstunden des Personals wurden beachtet. Die Erhebung erfolgte für den Gesamtbetrieb, für ausgewählte Werkstätten, Produkte und kritische Teile (Engpaßteile). Die Berechnung des Zeitwertes wurde zentral von Mitarbeitern der Fertigungssteuerung nach festgelegten Vorschriften aus den Personal- und Lieferstatistiken - die unabhängig von der Zeitwertanalyse vorlagen - vorgenommen. Im folgenden werden für die Aufgabenstellung dieser Arbeit interessant erscheinende Teilergebnisse dieser Zeitwertanalyse zusammengefaßt beschrieben.

4.3.2 Darstellung und Diskussion von Analyseergebnissen

4.3.2.1 Längsschnittanalyse von Zeitwerten

In Bild 12 sind die monatlichen Zeitwerte für einen Betrachtungszeitraum von 3 Jahren für den Gesamtbetrieb (direkter Bereich) und den Bereich Montage dargestellt, weiterhin die durchschnittlichen monatlichen Leistungsgrade sowie die wesentlichen zeitwertbestimmenden Einflüsse einzelner Zeitabschnitte.

Die unterschiedlichen Kurvenverläufe des Zeitwertes und des Leistungsgrades bestätigen, daß der Zeitwert - entsprechend seiner Definition - nicht direkt vom Leistungsgrad beeinflußt wird. Ähnliche Verläufe treten nur am Beginn des Betrachtungszeitraumes auf, wo der Zeitwert wie auch der Leistungsgrad aufgrund der Einführung einer Leistungsprämie stark ansteigen.

Nach den Auswirkungen der Leistungsprämieneinführung schwankt der Zeitwert im Bereich von 0,35 bis 0,75 für den Gesamtbetrieb im Betrachtungszeitraum, ein Verlauf, der auf keine konsolidierte, stetige Fertigung deutet.

Die Zeitwertkurve für den Fertigungsbereich Montage liegt deutlicht höher als die Kurve der Gesamtfertigung. Dies ist auf die günstigere Organisationsform der Montage zurückzuführen. Innerhalb der produktgruppenrein belegten Montagebänder treten weniger Zeitverluste auf als in der komplexen Teilefertigung im Werkstättenprinzip, in der alle Produktgruppen auftragsweise gemischt gefertigt werden. Häufige und aufwendige Umrüstungsvorgänge sowie Informationsprobleme in der Reihenfolgebelegung der Maschinen erhöhen die Verlustzeiten. Weiterhin ist zu beachten, daß Zeitwerte für Teilsysteme erfahrungsgemäß höher liegen als Zeitwerte für Gesamtsysteme. Produktionsanteile, die in Teilsystemen als Gutstücke den Zeitwert positiv beeinflussen, können im Gesamtsystem Mehraufwände hervorrufen und den Zeitwert des Gesamtsystems senken.

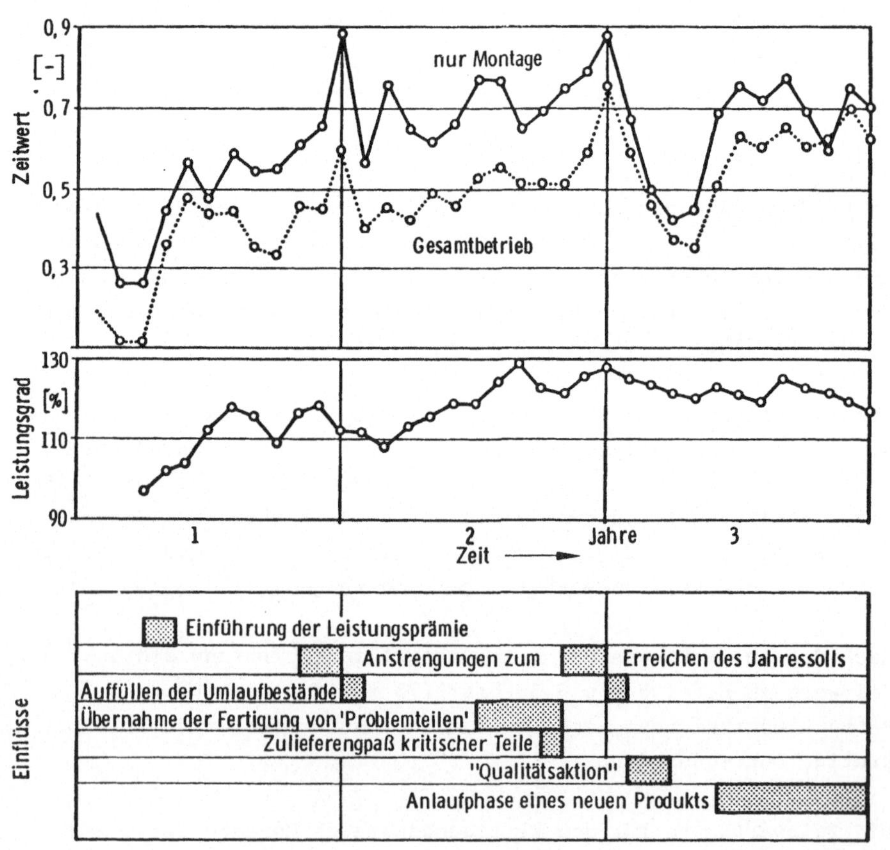

Bild 12: Zeitwert, Leistungsgrad und wesentliche, zeitwertbestimmende Einflüsse eines feinwerktechnischen Betriebes - Praxisbeispiel

Wesentliche, den Zeitwert bestimmende Einflüsse sind im Bild 12 den Zeitabschnitten zugeordnet. Besonders charakteristisch ist der Kurvenverlauf des Zeitwertes jeweils am Jahresanfang und am Jahresende. Diese Spitzen des Zeitwertes sind dadurch zu erklären, daß am Jahresende große Anstrengungen zum Erreichen des Jahressolls unternommen werden. Der erhöhte Produktionsausstoß wird dabei aber nur durch eine drastische Verringerung der Umlaufbestände ermöglicht. Das abrupte Absinken des Zeitwertes am Jahresanfang resultiert dann aus der Auffüllung der zuvor gesenkten Umlaufbestände (Berechnung des Zeitwertes ohne Berücksichtigung von Umlaufbestandsschwankungen!)

Die Durchführung einer betrieblichen "Qualitätsaktion", bei der teilweise überzogene Qualitätsanforderungen an die Produkte gestellt wurden, führte im Anfang des dritten Jahres zu einem steilen Abfallen des Zeitwertes auf den schlechten Wert von 0,4. Der darauf folgende positive Trend wird dann durch die Anlaufphase eines neuen Produktes unterbrochen.

Es wird deutlich, daß mit Hilfe einer Zeitwertbetrachtung die Auswirkungen von Fertigungsproblemen quantifiziert werden können. Für das vertiefte Verständnis der Zusammenhänge des Betriebsgeschehens sind Einzelanalysen erforderlich. Diese können durch Betrachtungen der Zeitwertkomponenten sowie von Teilbereichen der Produktion vorgenommen werden.

4.3.2.2 Analyse der Zeitwertkomponenten

Bild 13 zeigt eine Darstellung des Produktionsausstoßes (Soll - Ist) in Fertigungsstunden für den Betrachtungszeitraum von 3 Jahren sowie die Entwicklung des Liefererfüllungsfaktors (Quotient aus Produktionsausstoß "Ist" zu Sollausstoß).

Die durchschnittlichen Liefererfüllungsfaktoren betragen für die Jahre 1 bis 3 0,75; 1,0; 1,04;. Die geplante extreme Produktionssteigerung des ersten Jahres wird aufgrund einer Vielzahl von organisatorischen sowie auch technischen Problemen nicht erreicht. Die starken zyklischen Schwankungen im zweiten und dritten Jahr deuten an, daß gravierende Schwierigkeiten zu überwinden waren.

Der Liefererfüllungsfaktor 1,04 des dritten Jahres bezogen auf den Produktionsplan C hat nur einen relativen Aussagewert, da im Laufe des Jahres die Produktionspläne mehrfach reduziert wurden und der Plan C erst gegen Ende des Jahres gültig wurde.

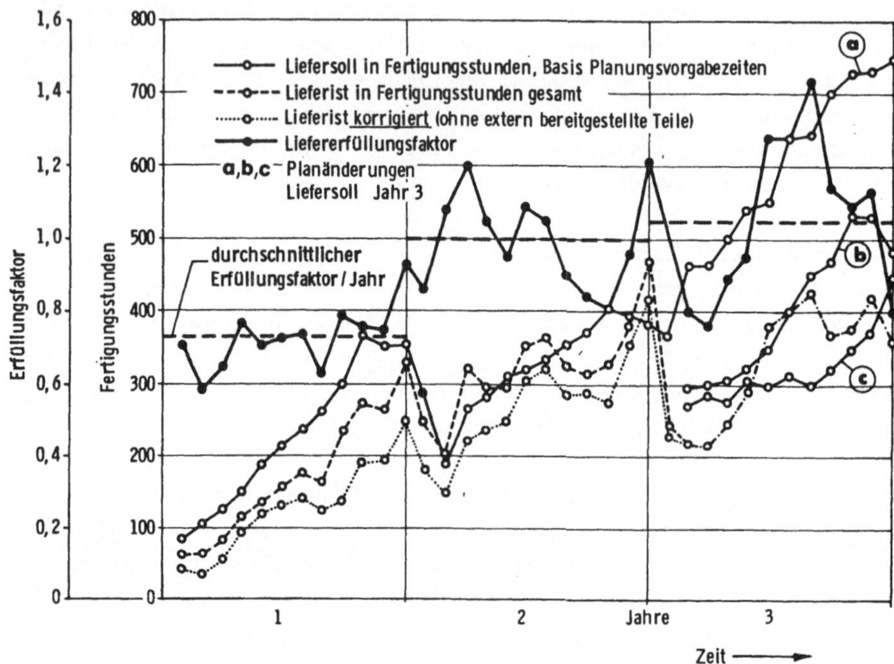

Bild 13: Produktionsausstoß und Liefererfüllungsfaktor im Betrachtungszeitraum

Aufgrund von Detailanalysen konnten folgende wesentliche Probleme erkannt werden (siehe auch Bild 12):

- parallele Neuanläufe führten zu Überforderung der indirekten Bereiche und des Werkstattführungspersonals
- die Einlerngeschwindigkeit der großen Zahl von Anzulernenden wurde unterschätzt und ergab Folgeprobleme
- Umzüge von Fertigungsbereichen aufgrund der Expansion führten zu Verlustzeiten
- verzögerte Lieferungen von Material und Kaufteilen führten zu Störungen des Betriebsablaufes

- die Übernahme von Fremdfertigungsteilen erbrachte erhebliche technologische Schwierigkeiten
- die Neuanläufe führten zu Überlastungen der Werkzeuginstandhaltung und des Werkzeugbaues, darüber hinaus beeinträchtigten sie die Werkzeugverfügbarkeit
- hohe Ausschuß- und Nacharbeitsraten durch Qualitätsprobleme
- die Senkung der Produktionspläne führte aufgrund teilweise hoher Vorlaufzeiten in der Fertigung zu nicht nutzbaren Überkapazitäten.

Eine Quantifizierung des Einflusses einzelner Probleme auf die Höhe der Verlustzeiten war bei dieser rückwirkend durchgeführten Analyse nur teilweise möglich. Die o.a. Probleme führten dazu, daß die Produktionsstückzahlen gegenüber Planvorgabe nur mit erheblichen Mehraufwänden gefertigt werden konnten. Dies wurde erreicht durch die Einführung von Überstunden sowie durch erhöhte Personalzahlen, die den Zeitwert verschlechterten. Insbesondere wirkten sich die großteils vertriebsseitig zu vertretenden, kurzfristigen Produktionsplanänderungen im Zeitwert aus. Die in Bild 12 dargestellten Sprünge sowie der Wandel der Stückzahltrends (steigend, fallend) in den Produktionsplänen verhinderten eine langfristig orientierte Planung der Personal-, Maschinen- und Raumkapazitäten sowie eine optimale Materialdisposition und Fertigungssteuerung im Unternehmensbereich Produktion.

Die Analyse der Liefererfüllung eignet sich besonders gut zur Ermittlung der aufgetretenen Fertigungsprobleme, der Zeitwert selbst ermöglicht eine Quantifizierung der Auswirkungen dieser Probleme in bezug auf die Aufwände innerhalb des Unternehmensbereichs Produktion.

Auf Ergebnisse der vertiefenden Zeitwertanalyse in bezug auf Teilsysteme der Produktion, bezogen auf Produktgruppen sowie kritische Teile und eine Analyse der eingesetzten Personalkapazität soll an dieser Stelle verzichtet werden. Wesentlich erscheint, daß bei der hier vorliegenden komplexen Produktion unter der hohen Anzahl von Einzelverlusten wesentliche Verlustanteile relativ wenigen Verlustquellen (ursächlich, nicht in der Wirkung) zuzuordnen waren, die bei nicht systematischer Betrachtung schwierig zu lokalisieren und in bezug auf ihre Auswirkungen zu quantifizieren sind. Auf der Basis der Zeitwertanalyse konnten gezielt wirksame Maßnahmen zur Verbesserung erkannt und eingeführt werden.

4.4 Eignung des Zeitwertes

Wie das Anwendungsbeispiel verdeutlicht, stellt der Zeitwert von Gesamtsystemen eine Kennzahl mit hohem Aggregationsgrad dar. Hierdurch wird sichergestellt, daß auch verdeckte Verlustquellen bei der Messung des Gesamtverlustes im Ergebnis erfaßt werden. Die Zeitwertanalyse ermöglicht bei vertretbarem Aufwand das Erkennen und Quantifizieren von "strukturellen" Verlustquellen, die längerfristig eine Fertigungssituation charakterisieren, und eignet sich somit zur Wahrnehmung der Kontrollfunktion im Rahmen einer Produktionsanalyse. Der Zeitwert ist einzusetzen für eine Erhöhung der Transparenz in bezug auf das Zusammenwirken von Funktionsbereichen und wird am Ende eines definierten Zeitabschnittes erhoben. Unter Berücksichtigung des Aufwandes haben sich Erhebungsintervalle von 1 Monat für Gesamtsysteme, fallweise von 1 Woche für Teilsysteme, sinnvoll herausgestellt. Für diese Betrachtungszeiträume sind die durch eine vereinfachte Berechnung auftretenden Fehlermöglichkeiten vertretbar.

Aufgrund der intervallbezogenen Ermittlung ist eine Verwendung des Zeitwertes zur Überwachung und Steuerung kurzfristig auftretender Störungen im Fertigungsablauf mit notwendigerweise kurzen Reaktionszeiten nicht sinnvoll. Für eine exakte Berücksichtigung von Leistungsgraden, Umlaufbestandsschwankungen und Vorlaufzeiten kann die Datenerfassung - insbesondere für die Überwachung von Teilbereichen der Produktion - aufwendig werden. Die Aussagefähigkeit des Zeitwertes in bezug auf eine absolute Größe wird stark eingeschränkt, wenn die Vorgabezeiten nicht regelmäßig überprüft und korrigiert werden.

Die Kennzahl Zeitwert - eingesetzt im Rahmen der Kontrollfunktion des Analyseprozesses - kann nach Matzenbacher /65/ charakterisiert werden als "Auslöser", der die Notwendigkeit vertiefender Untersuchungen erkennen läßt und Rückschlüsse auf wahrscheinliche Problemursachen ermöglicht. Für die Wahrnehmung der Planungsfunktion im Analyseprozeß sind Kenntnisse über die Wirkmechanismen der Einflußgrößen innerhalb der betrachteten Systeme notwendig, die eine Vertiefung der Erkenntnisse in bezug auf das Zusammenwirken von Funktionsbereichen erfordern.

5 ANALYSE BETRIEBLICHER EINFLUSSGRÖSSEN DES ZEITWERTES

5.1 Problemstellungen

Die Güte des Zeitwertes als Maß für die "Wirksamkeit" eines Produktionssystems ist entsprechend Gleichung (8) allein abhängig vom Zeitverlust gegenüber Planvorgabe des betrachteten Zeitabschnittes. Dieser Zeitverlust ergibt sich aus einer Vielzahl von Einzelverlusten, die aufgrund von Störungen des geplanten Produktionsablaufes entstehen. Nach REFA /63/ gilt für den Begriff "Störung" folgende allgemeine Definition: "Störungen sind Ereignisse, die unerwartet eintreten und eine Unterbrechung oder zumindest Verzögerung der Aufgabendurchführung zur Folge haben; sie bewirken eine wesentliche Abweichung der Ist- von den Soll-Daten". Störungen treten stochastisch auf und sind deshalb deterministisch nicht exakt vorhersagbar. Im Produktionsbereich unterscheiden sich Störungen nach Art, auftretender Häufigkeit und ihrer Dauer.

Zeitverluste aufgrund von Störungen des Produktionsablaufes können mehrere und von Fall zu Fall auch unterschiedliche Ursachen - nach REFA /63/ "Störgrößen" - haben, während andererseits einzelne Schwachstellen, z.B. der Organisation oder der Betriebsführung, eine Ursache für unterschiedliche Störungen an verschiedenen Stellen des Betriebsgeschehens sein können. Störungen können ihrerseits Ursachen für weitere Störungen darstellen. Eine ausführliche Analyse der Behandlung von Störungen in der Literatur nimmt Dienstdorf /64/ vor, auf die hier verwiesen werden soll. Das Ergebnis dieser Literaturanalyse besteht darin, daß einerseits insbesondere in der Praxis die Bedeutung betrieblicher Mängel mehr und mehr erkannt wird, andererseits aber die Auswirkungen von Produktionsstörungen als wichtige betriebliche Verlustquelle bisher nicht in allgemeiner und umfassender Form behandelt worden sind.

Eine Reduzierung der betrieblichen Verluste ist nur durch eine effiziente Störungsabwehr und Störungsbewältigung möglich. Die Produktionsanalyse soll im Rahmen der Planungsfunktion Maßnahmen zur Reduzierung der _Anzahl_ und _Dauer_ von Störungen aufzeigen und somit schwerpunktartig einen Beitrag zur Problematik der Störungsabwehr leisten.

In der Arbeitsstufe "Problemdefinition" der Produktionsanalyse ist es notwendig, mit Hilfe einer Ursachenanalyse von Symptomen - im vorliegenden Fall den durch Störungen hervorgerufenen, meßbaren Zeitverlusten - zu den Störungsursachen zu gelangen. Die Kenntnis der Störungsursachen stellt die Voraussetzung für die Ableitung struktureller, langfristig wirksamer Maßnahmen zur Störungsabwehr dar. In der Arbeitsstufe "Bewertung von Maßnahmen" ist - entgegengesetzt zur Ursachenanalyse - eine Analyse der Auswirkungen durchzuführen, Rationalisierungsmaßnahmen als Ursachen von Veränderungen des Produktionssystems sind in bezug auf ihre Auswirkungen abzuschätzen und zu bewerten.

Problemstellungen der vorliegenden Einflußgrößenanalyse sind

- die Ermittlung von Einflußgrößen des Produktionsablaufes und deren Ursachen, die zu Zeitverlusten im Sinne der Zeitwertdefinition führen,
- das Aufzeigen von Wirkzusammenhängen (qualitativ und quantitativ),
- die Reduktion auf wenige, in einer Produktionsanalyse zu behandelnden Einflußgrößen (Operationalität des Zeitwertmodelles).

Die Ergebnisse der Einflußgrößenanalyse sollen Hinweise für eine effiziente Ursachenanalyse enthalten und für die Ableitung von geeigneten Maßnahmen Kennwerte und Leitlinien liefern. Weiterhin soll auf der Grundlage der Einflußgrößenanalyse ein Modell des direkten Produktionsbereiches entwickelt werden, das es erlaubt, mit Hilfe der Simulation Zustände der Produktion sowie die Auswirkungen von Rationalisierungsmaßnahmen im Analysestadium zu bewerten. Im folgenden wird zunächst die Struktur der im Rahmen dieser Arbeit durchgeführten Einflußgrößenanalyse aufgezeigt, bevor auf einzelne Untersuchungen eingegangen wird.

5.2 Struktur der Einflußgrößenanalyse

Die Art und die anteilige Höhe von Verlustzeiten sowie deren Ursachen sind unternehmensspezifisch unterschiedlich. In der vorliegenden Einflußgrößenanalyse soll versucht werden, weitgehend allgemeingültige Zusammenhänge in bezug auf die Kennzahl Zeitwert zu erarbeiten. In Bild 14 ist die Struktur der Einflußgrößenanalyse dargestellt.

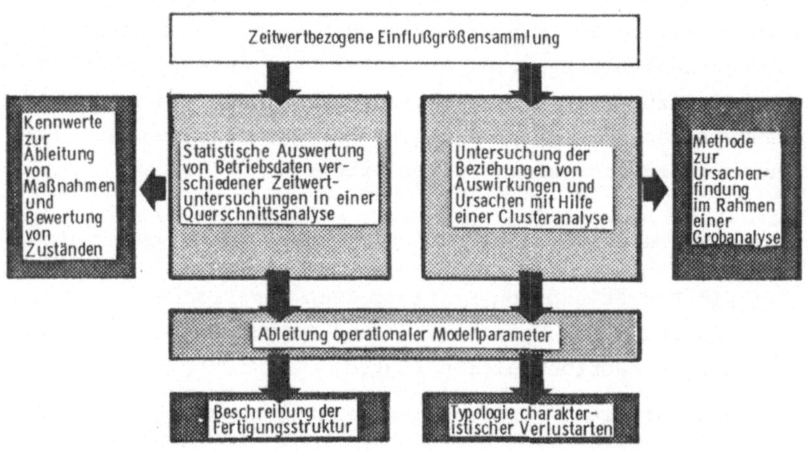

Bild 14: Struktur der Einflußgrößenanalyse

Die Anzahl der Einflußgrößen, die grundsätzlich (direkt oder indirekt) Zeitwerte von industriellen Unternehmen beeinflussen können, ist sehr groß. Sie sind nicht auf den direkten Produktionsbereich beschränkt, sondern sind auch im indirekten Bereich sowie systemextern zu suchen. Als Grundlage der Einflußgrößenanalyse wurde daher in Untersuchungen verschiedener Unternehmen eine Sammlung von Störungen sowie Störungsursachen zusammengestellt (s. hierzu Abschnitt 5.4). Verwertet wurden verfügbare Betriebsdaten, Daten aus Eigenbeobachtungen von Fertigungsbereichen sowie Erkenntnisse aus Interviews mit Mitarbeitern der Unternehmen.

Da eine Durchführung von Experimenten in isolierten Situationen aufgrund des Versuchsfeldes Praxis nicht zu realisieren ist, wurde im Rahmen einer Querschnittsuntersuchung zunächst eine Stichprobe gemessener Zeitwerte durch eine begrenzte Anzahl skalierter Einflußgrößen beschrieben und mit Hilfe statistischer Methoden analysiert. Analyseziele waren die Ermittlung wichtiger Einflußgrößen des Zeitwertes sowie Art und Stärke der Beeinflussung. Die Ergebnisse sollen als Kennwerte bei der Bewertung von Istzuständen sowie zur Ableitung von Maßnahmen verwendet werden.

Parallel zur Querschnittsanalyse gemessener Zeitwerte wurde mit Hilfe der Sammlung zeitwertbeeinflussender Störungen und Störungsursachen eine Untersuchung der Beziehungen zwischen Auswirkungen und Ursachen durchgeführt. Zielsetzung dieser Untersuchung war die Entwicklung einer Methode zur Ursachenfindung, die im Rahmen von Grobanalysen auf der Basis des Zeitwertmodelles eine Reduktion des Analyseaufwandes ermöglicht.

Die Ergebnisse der zwei genannten Untersuchungen stellen die Grundlage für die Ableitung operationaler Modellparameter für ein Simulationsmodell dar. Mit Hilfe der Querschnittsanalyse wurde ein Ansatz zur Beschreibung der Fertigungsstruktur erarbeitet, mit Hilfe der Auswirkungs-Ursachenanalyse konnte eine Typologie charakteristischer Verlustarten ermittelt werden.

In den folgenden Abschnitten werden aus den teilweise umfangreichen Untersuchungen ausgewählte, für die vorliegende Arbeit wichtig erscheinende Ergebnisse dargestellt. Auf die methodischen Aspekte der Untersuchungen wird zugunsten der Übersichtlichkeit der Ausführungen nur kurz eingegangen, es sei in diesem Zusammenhang auf die jeweils angegebene Literatur verwiesen.

5.3 Querschnittsuntersuchung gemessener Zeitwerte

5.3.1 Datenbasis und Vorgehensweise

Für die vorliegenden Querschnittsanalysen werden als Datenbasis Zeitwerte zugrundegelegt, die in einer Zahl von Produktionsanalysen und Planungsprojekten in verschiedenen industriellen Unternehmen für die Gesamtproduktion, für Teilsysteme unterschiedlicher Größe und für einzelne Produktgruppen ermittelt wurden. Die im Rahmen dieser Arbeit aus Aufwandsgründen begrenzte Stichprobe gemessener Zeitwerte erlaubt statistisch gesicherte Aussagen für eine eingeschränkte Grundgesamtheit von Unternehmen, insbesondere für die mehrstufige Produktion von Serien bis Großserien bei hoher Typen- und Variantenvielfalt, wie sie z.B. in der Feinwerktechnik und im Automobilbau zu finden ist.

Die verwendeten Zeitwerte sind Mittelwerte von Zeitabschnitten, die für Gesamtsysteme 1 Jahr, für Teilsysteme 1 bis 3 Monate betrugen. Unterschiede in der Erhebung der Zeitwerte in den verschiedenen Unternehmen wurden - soweit sie den Zeitwert beeinflussen - in der Querschnittsanalyse berücksichtigt. Im folgenden soll kurz auf die Datenaufbereitung und die verwendeten statistischen Methoden eingegangen werden.

5.3.1.1 Datenaufbereitung

Der Ansatz der vorliegenden Querschnittsanalyse geht davon aus, daß der Zeitwert als abhängige Variable eine Funktion von unabhängigen Variablen (Einflußgrößen E_i) ist, die sich beschreiben läßt als

$$(10) \qquad ZW = f(E_1, \ldots, E_e) + V$$

V ist hierbei eine Größe für die nicht erklärbare Varianz aufgrund unbekannter bzw. nicht erfaßbarer, zufallsbedingter Einflußgrößen. Die Problematik der vorliegenden Einflußgrößenanalyse besteht darin, daß einerseits die Gesamtheit der Einflußgrößen praktisch nicht erfaßbar ist, andererseits für einen Großteil wahrscheinlicher Einflußgrößen der Grad der Beeinflussung nicht bzw. sehr schwer meßbar ist. Als Vorarbeiten wurden daher eine Anzahl möglicher Einflußgrößen auf Korrelation zum Zeitwert untersucht mit dem Ziel, die Zahl der vertieft zu betrachtenden Einflußgrößen einzuschränken.

Wesentliches Kriterium für die Auswahl der vertieft zu analysierenden Einflußgrößen waren neben einer offensichtlichen Abhängigkeit des Zeitwertes die Möglichkeiten einer operationalen Skalierung der Einflußgrößen als Basis für quantitative Auswertungen.

Es ergaben sich die im Anhang A1 zusammenfassend aufgeführten 26 Einflußgrößen. Voraussetzung für vertiefte Untersuchungen war die operationale Skalierung dieser Einflußgrößen, die mit Hilfe von Nominalskalen (dichotome Skalierung), Rationalskalen (Absolut- und Prozentwerte) und Intervallskalen (Erfüllungsgrade) vorgenommen wurde. Für die eingesetzten statistischen Methoden (s. Abschnitt 5.3.1.2) sind Rational- und Intervallskalen zulässig. Die Sonderform der Nominalskala erfüllt aufgrund der dichotomen Skalierung (0;1) die Anforderungen einer Intervallskala /65/: definierte Rangfolge und gleich große Intervalle.

Als Grundlage der statistischen Auswertungen wird eine Datenmatrix verwendet, die sich im Anhang A2 dieser Arbeit befindet. Die gemessenen Zeitwerte wurden in bezug auf das Kriterium Systemgrenze klassifiziert (Skalierung dichotom) und entsprechend dem bei der Zeitwertermittlung vorgefundenen betrieblichen Zustand mit Hilfe der 26 Einflußgrößen charakterisiert.

5.3.1.2 Verwendete statistische Methoden

Für die vorliegenden Einflußgrößenanalyse unter Verwendung der o.g. Datenmatrix sind im Bild 15 die Auswertungsziele der Teiluntersuchungen, die eingesetzten statistischen Methoden sowie die Untersuchungsergebnisse zusammenfassend dargestellt.

Grundsätzliche Beschreibungen der Wirkungsweise und der Anwendungsmöglichkeiten der hier verwendeten statistischen Methoden (Pearsonsche Korrelation, einfache Regression, multiple lineare schrittweise Regression) finden sich in /66,67,68/. Eine Anleitung für den Einsatz entsprechender Programmbausteine des SPSS-Programms REGRESSION ist in /69/ enthalten.

Mit Hilfe der Pearsonschen Korrelation (auch unter Bravais-Pearsonsche- oder Produkt-Moment-Korrelation bekannt) kann untersucht werden, ob ein linearer Zusammenhang zwischen zwei Zufallsvariablen besteht und wie stark dieser Zusammenhang ist. Ein Maß für die Stärke des Zusammenhanges ist der Korrelationskoeffizient r.

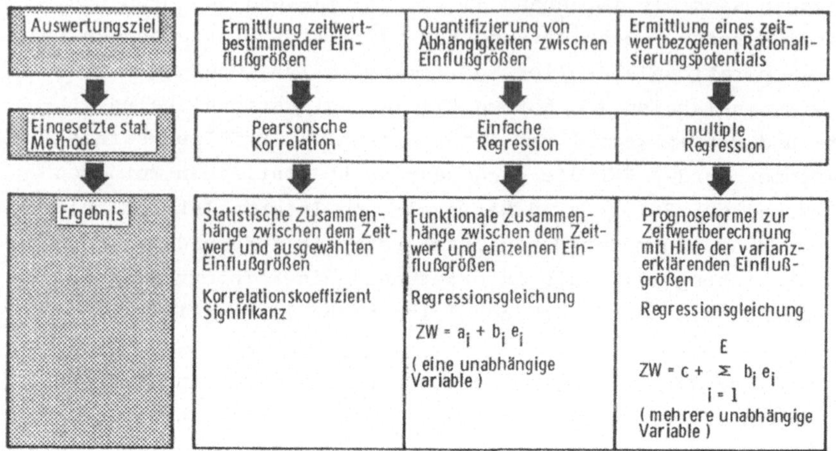

Bild 15: Übersicht eingesetzter statistischer Methoden

Um quantitative Aussagen über die Wirkmechanismen zu ermöglichen, werden für ausgewählte signifikante Zusammenhänge Regressionsrechnungen durchgeführt. Hierbei werden lineare, logarithmische und exponentielle Ansätze für die Regressionsgleichungen untersucht. Das Bestimmtheitsmaß (R SQUARE) ist ein Maß für die Güte der Regression, es ist definiert als das Verhältnis der durch den Zusammenhang "erklärten" Varianz der abhängigen Variablen zur Gesamtvarianz.

Da die Abhängigkeit des Zeitwertes von betrieblichen Einflußgrößen kein zweidimensionales Problem, sondern ein mehrdimensionales Problem darstellt, lassen sich verbesserte Regressionsgleichungen mit Hilfe der multiplen, linearen, schrittweisen Regression ermitteln. Die Strategie der schrittweisen Vorgehensweise besteht darin, daß sequentiell diejenigen Variablen in das Regressionsmodell aufgenommen werden, die den größten Anteil der Gesamtvarianz erklären. Als mindestens zu erreichender Richtwert für das Bestimmtheitsmaß wird in der empirischen Organisationsforschung die 30 %-Schwelle angesehen /68/. Mit Hilfe der linearen multiplen Regression wird eine Prognoseformel zur Abschätzung von Rationalisierungspotentialen ermittelt.

Voraussetzung für die Anwendung der oben beschriebenen Methoden sind im allgemeinen Normalverteilungen der einzelnen Einflußgrößen, die teilweise erfüllt sind, teilweise vereinfachend angenommen wurden. Aufgrund der begrenzten Stichprobe ist eine Quantifizierung von Zusammenhängen insbesondere für extrem abweichende Werte außerhalb der Stichprobe kritisch. Aussagen über grundsätzliche Zusammenhänge im Rahmen der beschriebenen Ziele sind möglich. Im folgenden werden die Ergebnisse der statistischen Auswertungen dargestellt und ihre Relevanz für das diskutierte Zeitwertmodell im Rahmen einer Produktionsgrobanalyse aufgezeigt.

5.3.2 Rationalisierungspotential der organisatorischen Reibungsverluste

In /4/ wird qualitativ ausgesagt, daß organisatorische oder auch systemgestaltende Planungsprobleme, die das Effizienzpotential von Organisationsstrukturen betreffen, in der Praxis häufig durch offensichtlichere, operationale Planungsprobleme verdrängt werden. Dies führt zu einem erheblichen Rationalisierungspotential im organisatorischen Bereich. Da die Kennzahl Zeitwert ein Maßstab für die "organisatorischen Reibungsverluste" ist, wird diese Aussage durch die vorliegende Stichprobe gemessener Zeitwerte quantitativ bestätigt. Bild 16 zeigt die Verteilung der gemessenen Zeitwerte.

75 % der analysierten betrieblichen Systeme/Teilsysteme weisen Zeitwerte kleiner oder gleich 0,75 auf. Dies bedeutet, daß in der Überzahl der Unternehmen Verluste größer oder gleich 25 % der eingesetzten Personalkapazitäten im direkten Produktionsbereich auftreten. Dieses hohe Rationalisierungspotential rechtfertigt die vorliegende Aufgabenstellung.

Einzelstörungen führen häufig zu relativ kleinen Verlustzeiten gemessen am Gesamtverlust und ihre Ursachen werden meistens nicht erkannt oder als C-Probleme im Sinne einer ABC-Analyse vernachlässigt und nicht beseitigt. Der Einsatz der Kennzahl Zeitwert beweist, daß eine große Zahl von teilweise Kleinststörungen im betrieblichen Ablauf Verlustzeiten bewirken, die sich zu einem erheblichen Rationalisierungspotential addieren, welches oft auf der Grundlage der eingesetzten Betriebsdatenerfassungen und -auswertungen im Umfang unterschätzt wird.

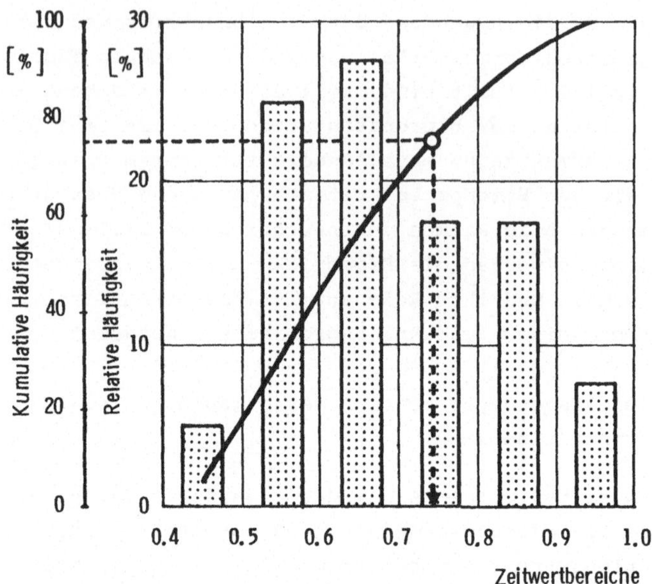

Bild 16: Relative und kumulative Häufigkeit von gemessenen Zeitwerten ausgewählter Fertigungsbereiche

5.3.3 Signifikante betriebliche Einflußgrößen

Das Ergebnis der Pearsonschen Korrelationsanalyse - Ermittlung von Zusammenhängen zwischen dem Zeitwert und den ausgewählten Einflußgrößen mit Hilfe des Korrelationskoeffizienten r - ist im Bild 17 dargestellt. In der Matrix werden die signifikanten Zusammenhänge mit Plus- und Minuszeichen für positive und negative Korrelation ausgewiesen.

Die Höhe der Korrelationskoeffizienten für die signifikanten Beziehungen schwankt im Bereich von r = 0,15 bis 0,6. Die höchste Korrelation zum Zeitwert mit r = - 0,62 bei einer Signifikanz von 0,001 weist die Einflußgröße "Komplexität des Fertigungsdurchlaufes" auf. Das bedeutet, daß 38 % (Bestimmtheitsmaß) der Varianz des Zeitwertes bereits durch eine Einflußgröße erklärt wird.

Es fällt auf, daß direkte Abhängigkeiten des Zeitwertes nur für einen Teil der berücksichtigten Einflußgrößen mit Hilfe der be-

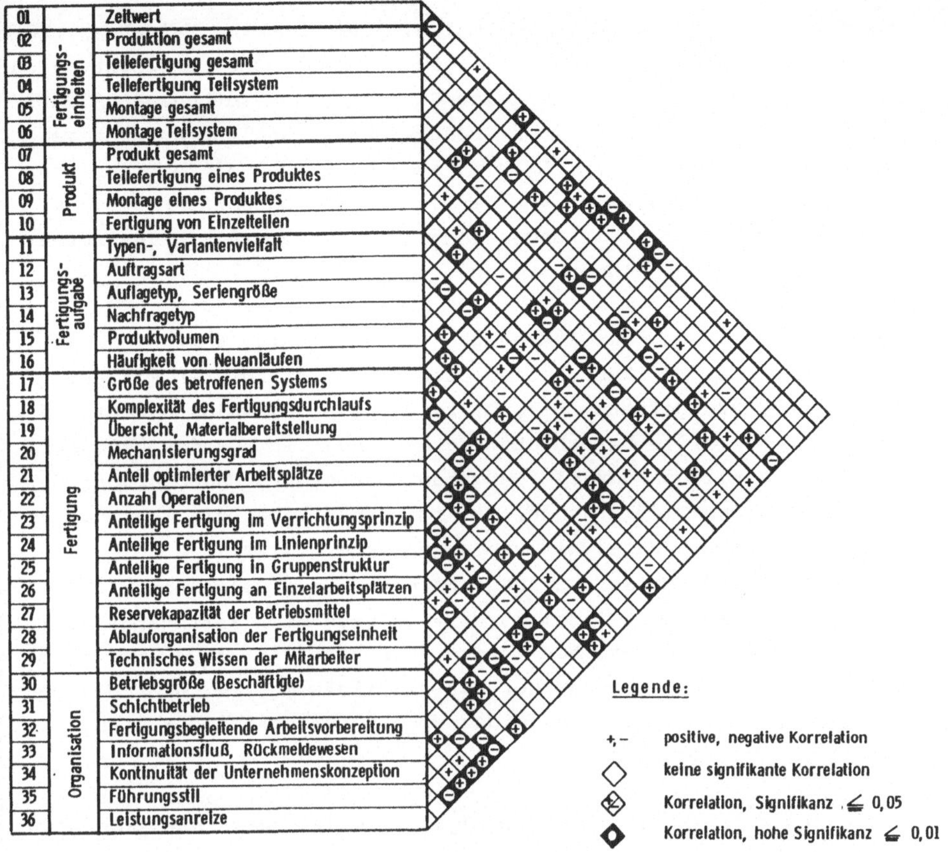

Bild 17: Pearson-Korrelation des Zeitwertes mit den ausgewählten Einflußgrößen und Interkorrelation der Einflußgrößen

grenzten Stichprobe signifikant nachzuweisen sind. Führt man jedoch Pfadanalysen innerhalb der Beziehungsmatrix durch, so wird deutlich, daß der Zeitwert indirekt aufgrund der großen Anzahl teilweise hoch signifikanter Beziehungen der Einflußgrößen untereinander von allen berücksichtigten Einflußgrößen abhängt.

Die große Zahl der signifikanten Abhängigkeiten zwischen den Einflußgrößen lassen aufgrund der Richtung der Korrelation (positive, negative Korrelation) Rückschlüsse auf die komplexen Wirkmechanismen zu, die betriebsspezifisch ausgewertet bereits Hinweise für die Planungsstufen Problemdefinition, Ableitung von Maßnahmen und Bewertung ermöglichen. Weiterhin deutet diese hohe Verflechtung darauf hin, daß wahrscheinlich eine Reduktion der zu behandelnden Einflußgrößen im Rahmen einer Produktionsgrobanalyse auf wenige, operationale möglich ist. Es wird auch deutlich, daß betriebliche Maßnahmen zur Reduzierung von Verlusten eine hohe Effektivität aufgrund der großen "Wirkungsstreuung" auf mehrere Einflußgrößen gleichzeitig haben können.

Zur Quantifizierung der Abhängigkeiten wurden für verschiedene, den Zeitwert signifikant beeinflussenden Einflußgrößen Einzelregressionen durchgeführt. Bild 18 zeigt beispielsweise die Lage der Meßpunkte sowie die berechnete Regressionslinie für den Zeitwert in Abhängigkeit von der Einflußgröße "Übersicht, Materialbereitstellung", eine Einflußgröße, die im wesentlichen die Transparenz des betrieblichen Materialflusses charakterisiert.
Die Meßwerte für diese Einflußgröße wurden mit Hilfe einer Relativbetrachtung gewonnen, indem für die untersuchten Fertigungsbereiche Erfüllungsfaktoren vergeben wurden. Die Höhe der Erfüllungsfaktoren war abhängig von der Länge der Materialflußwege, der Realisierung einer Hauptflußrichtung sowie der Übersichtlichkeit der Materialbereitstellungszonen.

Der Korrelationskoeffizient beträgt $r = 0{,}425$ bei einer Signifikanz von 0,003. Mit Hilfe der Wahrscheinlichkeitsdichte (Grenzfunktion der Häufigkeitsverteilung bei unendlich großer Stichprobe) wird im Bild 18 gezeigt, daß die Einflußgröße "Übersicht, Materialbereitstellung" die Varianz der abhängigen Variablen Zeitwert wesentlich einengt.

Die Regressionen signifikanter Einflußgrößen auf den Zeitwert sind in Bild 19 zusammengefaßt dargestellt. Ausführungen zur Datenbasis sowie zur Charakterisierung der Stichprobe wurden bereits im Kapitel 5.3.1 vorgenommen. Den stärksten Zusammenhang zum Zeitwert weist, wie bereits erwähnt, die Einflußgröße "Komplexität des Fertigungsdurchlaufes" auf. Da diese Einflußgröße mit Hilfe einer Intervallskala für die vorliegende Stichprobe als Relativwert quantifiziert wird, ist sie für eine direkte Verwendung im Zeitwertmodell wenig geeignet. Trotzdem basiert der Ansatz der in Kapitel 6 dargestellten Modellbildung des direkten Produktionsbereiches auf der Erkenntnis, wie stark diese Einflußgröße die Güte des Zeitwertes beeinflußt.

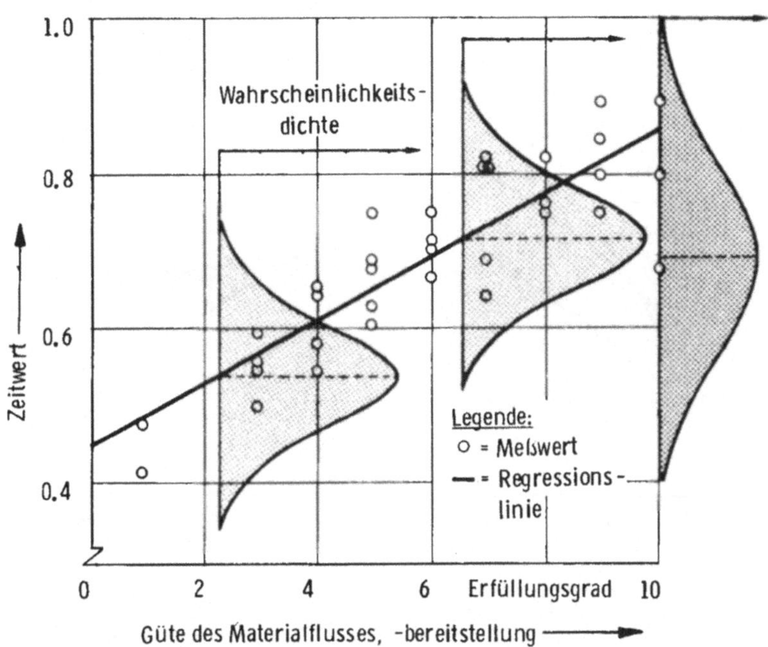

Bild 18: Der Zeitwert in Abhängigkeit von der Einflußgröße Übersicht, Materialbereitstellung - lineare Regression

Die vorliegenden, quantifizierten Ergebnisse lassen sich in der Planungsstufe "Problemdefinition" für die Bewertung von Zuständen verwenden. Hierzu können Werte von Istzuständen in den entsprechenden Diagrammen eingetragen werden. Die Lage dieser Werte auf den Regressionslinien läßt Rückschlüsse auf Schwerpunkte von Rationalisierungsansätzen zu. In der Planungsstufe "Ableitung alternativer Maßnahmen" stellen die Trends der Kurvenverläufe Planungsleitlinien zur Entwicklung verbesserter Lösungen dar.

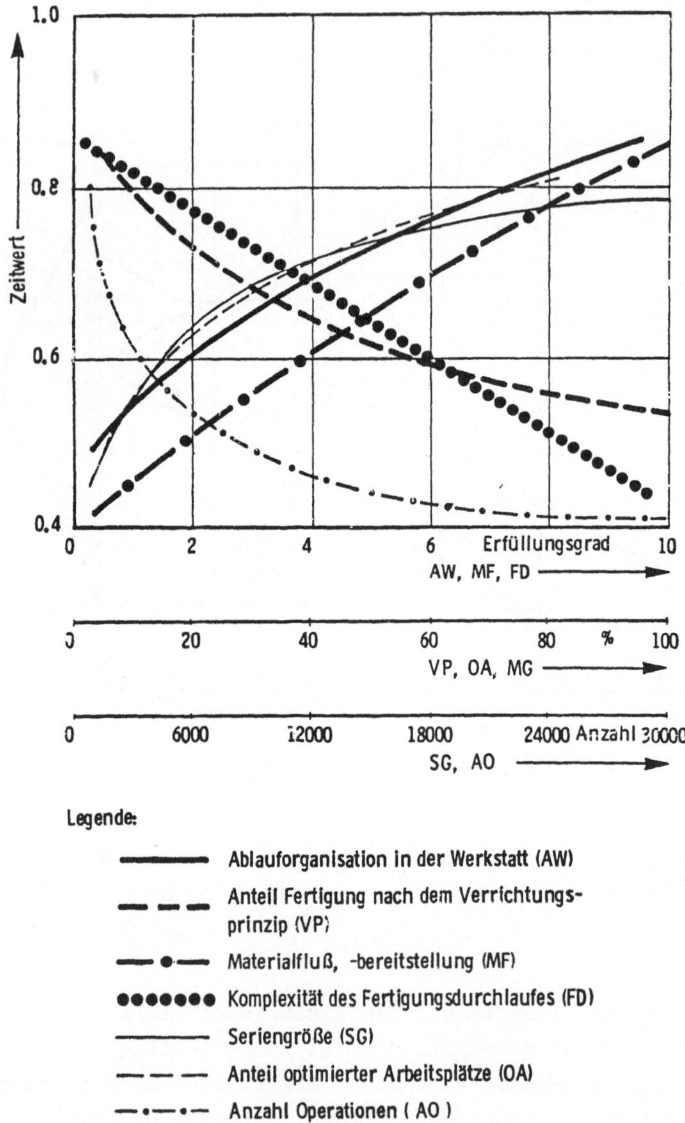

Bild 19: Darstellung von Regressionslinien des Zeitwertes in Abhängigkeit ausgewählter Einflußgrößen

5.3.4 Ermittlung von zeitwertbezogenen Rationalisierungspotentialen

Die Methode der linearen, multiplen, schrittweisen Regression erlaubt die Ableitung von Regressionsgleichungen, die mehrere Einflußgrößen berücksichtigen. Derartige Regressionsgleichungen lassen sich im Rahmen einer Produktionsanalyse als Prognoseformel zur überschlägigen Berechnung von Rationalisierungspotentialen verwenden. Da diese Regressionsgleichungen auf der Basis der vorhandenen Stichprobe berechnet werden, stellt ihre Anwendung im Rahmen einer Produktionsanalyse einen Betriebsvergleich dar: über die berücksichtigten Einflußgrößen wird mit Hilfe der gemessenen Zeitwerte der in der Stichprobe enthaltenen Systeme/Teilsysteme anderer Unternehmen auf das wahrscheinliche Rationalisierungspotential des untersuchten Unternehmens geschlossen. Sind aufgrund von durchgeführten Feinanalysen die echten Zeitwerte des untersuchten Unternehmens bekannt, können die berechneten Zeitwerte auch im Sinne eines Betriebsvergleiches herangezogen werden.

Die Berechnung einer Regressionsgleichung unter Berücksichtigung von 35 ausgewählter Einflußgrößen - teilweise unter Verwendung transformierter, nicht linearer Funktionen für Einzeleinflüsse - ergibt eine komplexe, aufwendig zu handhabende Gleichung. Im Bild 20 ist das Anwachsen des Bestimmtheitsmaßes R SQUARE in Abhängigkeit von der berücksichtigten Anzahl von Einflußgrößen dieser Regressionsgleichung dargestellt. Für eine Zahl von 35 Einflußgrößen ergibt sich ein $R\ SQUARE_{Max}$ von 0,998, ein für die Erfahrungen in der Organisationsforschung sehr guter Wert (s. Kap. 5.3.1). Aus Bild 20 wird ersichtlich, daß bereits unter Berücksichtigung von 5 Einflußgrößen ein Bestimmtheitsmaß von 90 % erreichbar ist.

Für die Ableitung einer operational einsetzbaren Regressionsgleichung ist die Anzahl und Art der zu berücksichtigenden Einflußgrößen sinnvoll auszuwählen. Die Anzahl der zu berücksichtigenden Einflußgrößen richtet sich formal nach der angenommenen Signifikanzgrenze von 0,05. Weiterhin kann man davon ausgehen, daß ein Anwachsen der Varianzerklärung unter 0,5 % je weiterer berücksichtigter Einflußgröße unbedeutend ist. Ein wichtiges Auswahlkriterium ist die Operationalität der Einflußgrößen insbesondere in bezug auf Quantifizierbarkeit.

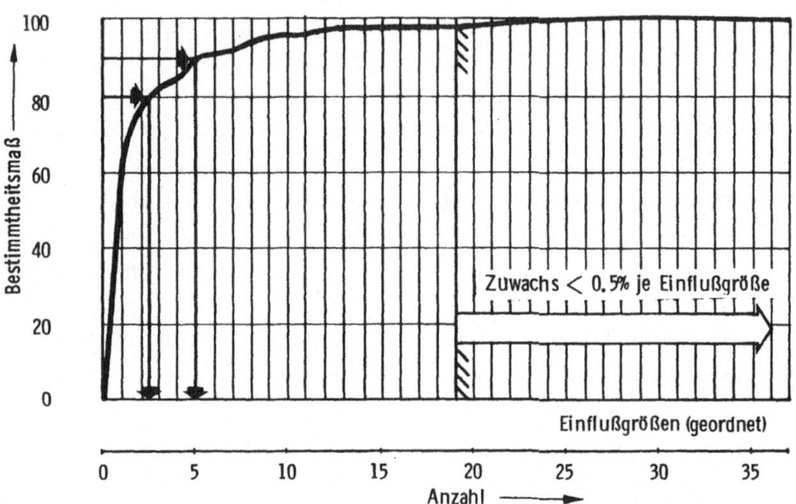

Bild 20: Zuwachs des Bestimmtheitsmaßes in Abhängigkeit der Anzahl berücksichtigter Einflußgrößen (multiple, schrittweise Regression)

Nach Eignungsuntersuchungen in bezug auf Operationalität, Höhe der Varianzerklärung und vertretbarer Fehlergröße bei Berechnungen für Systeme, für die der Wertebereich der Stichprobe gilt, wird folgende Formel für den praktischen Einsatz als Lösung vorgeschlagen:

$$(11) \quad ZW = 0{,}600 - 0{,}026 \ln E_1 + 0{,}003\, E_2 + 0{,}025 \ln E_3 - 0{,}025 \ln E_4$$

Einflußgrößen:
(s. auch Kap. 5.3.1)

	Wertebereich
E_1: Anzahl unabhängiger Operationen	1 ... 30 000 (absolute Anzahl)
E_2: Anteil optimierter Arbeitsplätze	0 ... 100 (%)
E_3: Seriengröße, Auflagetyp	Bereich der Stichprobe 100 ... 100 000 (absolute Stückzahl)
E_4: Anteilige Fertigung im Verrichtungsprinzip	0 ... 100 (%)

Diese Regressionsgleichung erreicht ein Bestimmtheitsmaß für die Berechnung von Zeitwerten von 0,71 bei einer Signifikanz je Einflußgröße kleiner 0,05. Die nicht enthaltenen Einflußgrößen der Korrelationsmatrix (Bild 17, Abschn. 5.3.3) gehen indirekt aufgrund der hohen signifikanten Beziehung zu den berücksichtigten Einflußgrößen in Berechnungen ein. Berechnungen für realistische Fallbeispiele aus dem Wertebereich der Stichprobe ergaben Abweichungen kleiner 10 % der gemessenen Werte, eine Abweichung, die für die vorliegende Zielsetzung vertretbar erscheint.

Die Regressionsgleichung - eingesetzt als Prognoseformel - ermöglicht mit Hilfe weniger operational zu ermittelnder Betriebsdaten Aussagen über ein wahrscheinliches Rationalisierungspotential. Fallweise können für den Praxiseinsatz problemangepaßte, erweiterte Regressionsgleichungen abgeleitet werden, die einen höheren Grad an Differenzierungsmöglichkeiten für den Analyseprozeß erlauben, z.B. spezielle Regressionsformeln für Teilbereiche der Produktion (Montage, Teilefertigung). Hierdurch läßt sich das Bestimmtheitsmaß erhöhen. Unter Verwendung extremer, aber in der betrieblichen Praxis realistischer Werte lassen sich Optimalwerte als "Maßstäbe" für Zeitwertbetrachtungen berechnen.

5.4 Ermittlung von Störungsursachen

Häufig sind die Ursachen für Zeitverluste im betrieblichen Ablauf verdeckt und nicht "meßbar". Zum Erarbeiten wirkungsvoller Rationalisierungsmaßnahmen ist jedoch die Kenntnis der "Störungsursachen" wichtig. Die in der Literatur beschriebenen Methoden zur Problemsuche sind grundsätzlich bei der Durchführung einer Produktionsanalyse einsetzbar und im Rahmen der einzelnen Analysestufen (s. Kap. 2,3) anzuwenden. Zusätzlich zu diesen Methoden soll an dieser Stelle auf eine - speziell für den Einsatz des Zeitwertmodelles erarbeitete - Methode der Grobanalyse hingewiesen werden, die es erlaubt, wahrscheinliche Ursachengruppen für betriebliche Verluste zu ermitteln. Der Einsatz dieser Methode verringert die Anzahl durchzuführender Feinanalysen und führt zu einer Effizienzsteigerung des Analyseprozesses.

Die im folgenden aufgezeigte Methode zur Ursachenerkennung basiert auf dem Ansatz, einen Katalog potentieller Verlustursachen mit Hilfe von "meßbaren" Störungen zu klassifizieren. Gelingt dies, so kann von beobachteten Störungen auf wahrscheinliche Ursachengruppen geschlossen werden.

5.4.1 Heuristischer Ansatz zur Bildung von Ursachengruppen

Voraussetzung für die Ableitung einer Methode zur Ursachenerkennung ist die Ermittlung eines Kataloges potentieller Einflußgrößen des Zeitwertes. Ein derartiger Katalog von Einflußgrößen wurde mit Hilfe von Literaturauswertungen, den Erfahrungen durchgeführter Analyseprojekte (s. hierzu auch beispielsweise Kap. 4) und Expertengesprächen erstellt. Die Einflußgrößen wurden klassifiziert in potentielle Ursachen für Zeitverluste (Störgrößen) und Auswirkungen (Störungen) (s. Anhang A3).

5.4.1.1 Beziehungen Auswirkungen - Ursachen

Für die Untersuchungen wurde der Katalog der Störungsursachen unter Berücksichtigung aller Funktionsbereiche der Produktion auf 110 "potentielle" Störungsursachen eingegrenzt. In Abhängigkeit von der Meßbarkeit im Betriebsablauf und der direkten Beeinflussung des Zeitwertes wurden 56 Auswirkungen (Katalog der Störungen) definiert (s. Anhang A3). Der Fall einer Kausalkette, in der Auswirkungen wiederum Ursachen für andere Auswirkungen darstellen, wurde berücksichtigt, indem einige Einflußgrößen im Katalog der Ursachen wie auch im Katalog der Auswirkungen aufgeführt sind.

In Zusammenarbeit mit Vertretern verschiedener Unternehmen wurde eine Beziehungsmatrix Ursachen - Auswirkungen erstellt, bei der die Achsen jeweils durch die Kataloge für Ursachen und Auswirkungen gebildet werden. Die direkten, offensichtlich den Zeitwert beeinflussenden Beziehungen, die im betrieblichen Ablauf denkbar sind und erfahrungsgemäß auftreten, wurden mit Hilfe binärer Merkmale (0 entspricht "keine direkte Beziehung", 1 entspricht "direkte Beziehung") gekennzeichnet. Die Entscheidung für binäre Merkmale wurde deshalb getroffen, weil man allgemein das Vorhandensein oder Nichtvorhandensein einer Verknüpfung zwischen einer Ursache und einer Auswirkung noch mit hinreichender Sicherheit für den allgemeinen Fall im Team angeben kann, jedoch nicht die Intensität dieser Verknüpfung. Dies wäre nur betriebsspezifisch sinnvoll. Ein Ausschnitt der Beziehungsmatrix ist in Bild 21 dargestellt.

Die Allgemeingültigkeit dieser zeitwertorientierten Beziehungsmatrix, die in Teamarbeit erstellt wurde, ist gegeben für die Anforderung der vorliegenden Aufgabenstellung, eine Aussage grundsätzlich möglicher Beziehungen zwischen Ursachen und Auswirkungen in bezug auf Zeitverluste mit Hinweischarakter zu schaffen.

Auswirkungen \ Ursachen für Verlustzeiten	Nr.	Komplexe Produktpalette bezügl. Typen, Varianten	Häufige Änderungen an den Produkten (Mat., Form, Tol.)	Häufige Änderungen der Produkte (Anlauf- Auslaufsituation)	Schwankender Produktions-plan	Kurzfristige Änderung des Produktionsplanes (Stück/Zeit)	Häufigkeit der Produktionszahl-änderungen	Sonderaktionen (Terminein-haltung, Prioritäten)	Absolut gefertigte Stückzahl (Klein- / Mittel- / Grosserie)	Kundenauftragsfertigung: spezielle Produktwünsche	Durchschnittl. Anzahl Operationen pro Werkstück	Stufigkeit der Produkte	Nicht eindeutig fixierte Fertigungspläne (technologisch)	Nicht oder nicht richtig zeit-lich bewertete Fertigungspläne	Keine Fertigungspläne
		1	2	3	4	5	6	7	8	9	10	11	12	13	14
Exakte Erfassung der Gutstück-zahlen	1										●	●			●
Güte der Vorgabezeiten	2		●	●					●	●			●	●	●
Erhöhung oder Senkung des durchschnittl. Umlaufbestandes	3			●	●	●	●	●				●			
Qualitätsbeanstandungen	4	●	●	●			●	●	●	●	●	●	●		●
Wartezeiten des Personals durch Maschinenstillstände	5		●		●	●	●		●						
Wartezeiten des Personals durch Werkzeugausfälle	6		●	●				●			●				
Wartezeiten des Personals durch Rüstvorgänge (ungeplant)	7	●	●		●	●	●	●	●	●	●		●		●
Wartezeiten des Personals durch Betriebsmittelinstandhaltung	8								●						
Wartezeiten des Personals durch fehlendes Material	9	●	●	●	●	●	●	●		●	●	●		●	●
Wartezeiten des Personals durch zu geringes Arbeitsvolumen	10				●	●	●							●	●
Hoher Nacharbeitsaufwand	11		●	●			●	●		●	●	●	●		●
Hoher Ausschußanteil	12		●	●			●	●		●	●	●	●		●
Einlernzeiten	13	●	●	●						●					●
Durchführung nicht notwendiger Arbeiten	14		●	●		●	●						●		●
Hoher Anteil nicht zeitlich be-werteter Nebentätigkeiten	15	●	●	●				●	●				●	●	●

Bild 21: Ausschnitt der Beziehungsmatrix Störungsursachen - Auswirkungen

5.4.1.2 Klassifizierung von Ursachengruppen

Die in Abschnitt 5.4.1.1 beschriebene Beziehungsmatrix soll untersucht werden, inwieweit sich Ursachengruppen bilden lassen, die vorwiegend wenigen, im Betriebsablauf beobachtbaren Auswirkungen zuzuordnen sind. Für die Auswertung der Beziehungsmatrix eignen sich besonders Verfahren der Cluster-Analyse /70/. Aus der Gruppe der Cluster-Analysen wurde die "Entropieanalyse" /71,

72/, die zu den hierarchisch-agglomerativen Verfahren gehört, unter Verwendung des EDV-Programmes CLUSTAN IB /73/ eingesetzt. Die Entropie - abgeleitet aus der Informationstheorie - entspricht dem Informationsverlust, der durch die Zusammenfassung von Klassen entsteht (s. hierzu auch die Definition für Entropie bei /72/). Die Entropieanalyse wurde eingesetzt, da sich dieses Verfahren für die Klassifikation binärer Merkmale eignet und für die Klassenbildung nur zutreffende, nicht aber unzutreffende Merkmale berücksichtigt.

Die Aufgabe der Cluster-Analyse besteht darin, die Menge der 110 Ursachen so in Klassen zusammenzufassen, daß die Ursachen einer Klasse hinsichtlich aller Auswirkungen möglichst ähnlich sind. Gleichzeitig sollen die verschiedenen Klassen zugehörenden Ursachen möglichst unähnlich sein. Das Ergebnis der durchgeführten Entropieanalyse ist im Bild 22 dargestellt (s. hierzu auch Bild A3 des Anhanges).

Das Dendrogramm zeigt die Hierarchie der gebildeten Klassen, 110 Klassen bei der Entropie von 0 und eine Klasse bei der Entropie von 201. Es werden jeweils stufenweise diejenigen Ursachen/Ursachengruppen zu neuen Klassen zusammengefaßt, aus deren Fusion der geringste Entropiezuwachs resultiert. Die Lage der senkrechten Verbindung zweier Ursachen oder Subklassen gibt dabei die Entropie H_T (oder "Unähnlichkeit") zwischen diesen Elementen an. Mit abnehmender Klassenzahl nimmt die Ähnlichkeit zwischen den Klassen stark ab.

Im Struktogramm ist die Entropie in Abhängigkeit von der Anzahl gebildeter Ursachengruppen dargestellt. Je stärker die Krümmung der Entropiekurve ist, desto ausgeprägter ist die Klassenstruktur im klassifizierten Material. Die starke Krümmung der Entropiekurve im vorliegenden Fall deutet auf gute Klassifizierungsmöglichkeiten hin. Das Struktogramm wird in Verbindung mit dem Dendrogramm zur Bestimmung einer sinnvollen Klassenzahl verwendet. Die Schnittstelle im Dendrogramm, die die Anzahl der gebildeten Klassen festlegt, sollte derart gewählt werden, daß sich eine möglichst kleine Anzahl weitgehend unabhängiger, aber für die vorliegende Problematik operationaler Klassen ergibt.

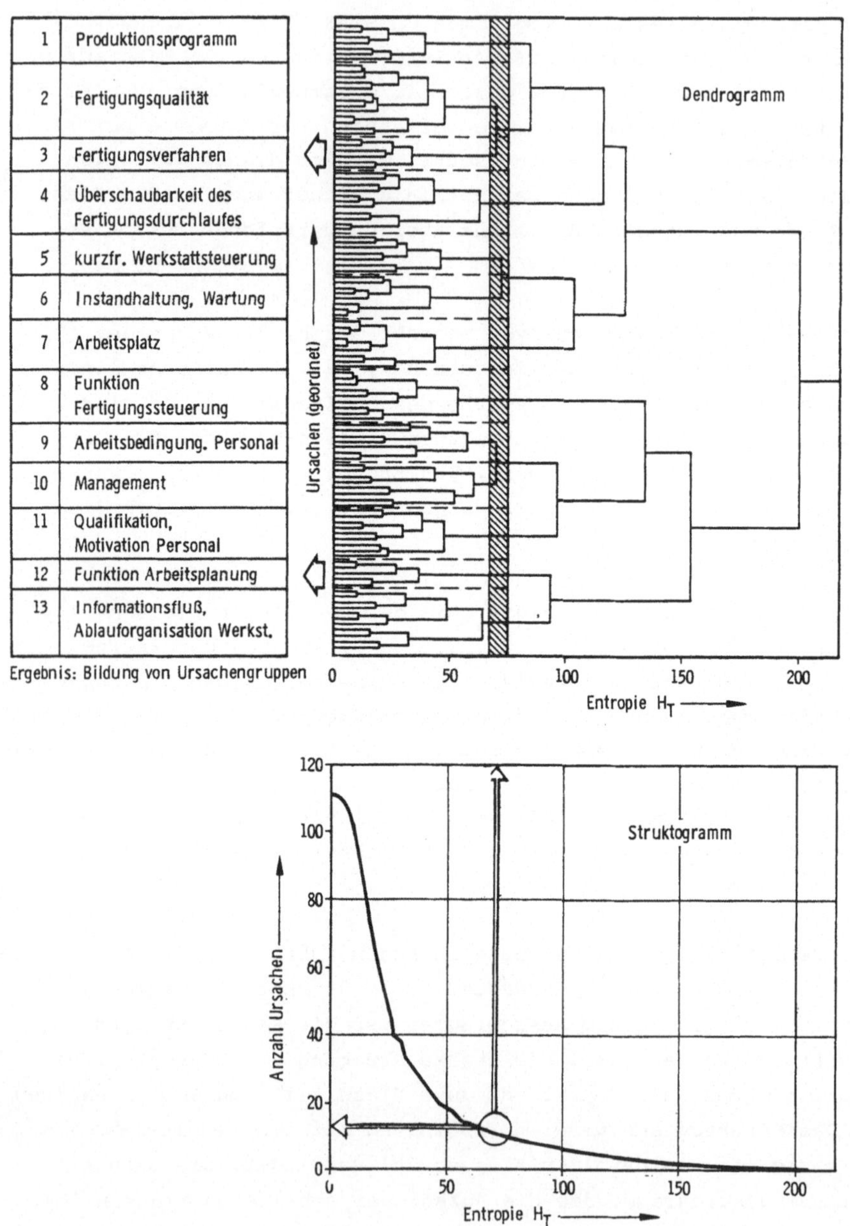

Bild 22: Bildung von Ursachengruppen mit Hilfe der Clusteranalyse

Der Bereich einer sinnvollen Schnittstelle liegt bei Entropiewerten von 60 bis 80. In diesem Bereich wird eine relativ stark reduzierte Anzahl von 10 bis 15 für das Zeitwertmodell operationaler Ursachengruppen gebildet. Die Wahl der Klassenzahl sollte betriebsspezifisch variiert und angepaßt werden. Eine höhere Zahl Klassen differenziert stärker, erhöht aber den für Feinanalysen aufzubringenden Aufwand. Im Bild 22 ist eine Klassifikation der 110 Ursachen in 13 Klassen dargestellt, für die jeweils ein Oberbegriff gewählt wurde. Die Einzelursachen je Ursachengruppe werden im Anhang A3 beschrieben (Ergebnis der Dendrogrammauswertung). Da an dieser Stelle nur der methodische Ansatz einer zeitwertbezogenen Ursachenanalyse aufgezeigt werden soll, wird von einer weiteren Vertiefung abgesehen.

5.4.2 Entwicklung einer Methode zur Ursachenfindung

Es konnte festgestellt werden, daß je Ursachengruppe nur relativ wenige Auswirkungen für die Bildung einer Gruppe verantwortlich sind. Aus dieser Erkenntnis leitet sich der Ansatz der hier vorgeschlagenen Analysemethode ab. Werden im konkreten Analyseprojekt mehrere, für eine spezielle Ursachengruppe besonders charakteristische Störungen (Auswirkungen) beobachtet, so wird angenommen, daß diese Ursachengruppe für den untersuchten Betrieb relevant und als wahrscheinliche Ursachengruppe vorrangig in Feinanalysen zu untersuchen ist.

In Bild 23 ist die Beziehungshäufigkeit der 56 Auswirkungen zu Einzelursachen - geordnet nach der Anzahl der Beziehungen - dargestellt. Die Anzahl der Beziehungen je Auswirkung schwankt von größer 80 bis kleiner 5.

Auswirkungen, die für die Bildung der Ursachengruppen verantwortlich sind, befinden sich in der rechten Hälfte der Verteilung, also im Bereich der Auswirkungen mit geringer Beziehungshäufigkeit. Auswirkungen, die durch sehr viele Ursachen hervorgerufen werden können (hohe Beziehungshäufigkeit), haben für die Homogenität innerhalb der Gruppe und für die Abgrenzung gegenüber anderen Gruppen nur geringe Bedeutung.

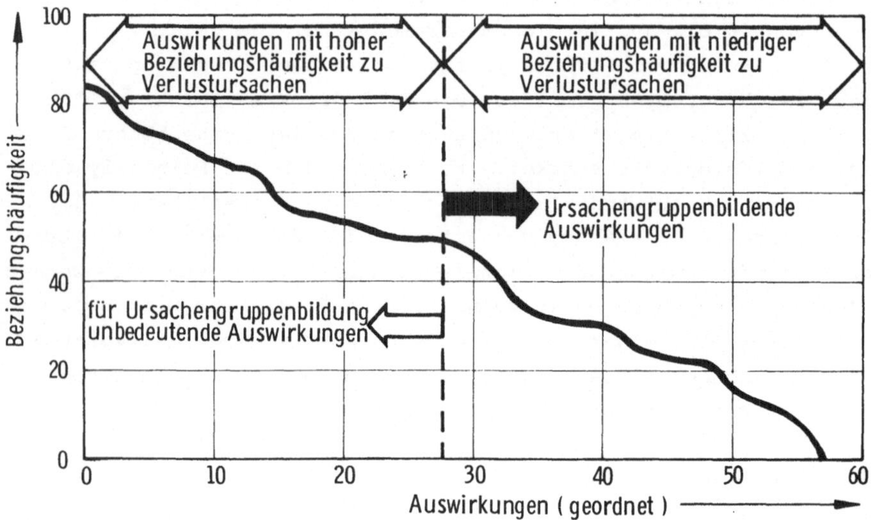

Bild 23: Beziehungshäufigkeit der Auswirkungen zu Verlustursachen

Die die Ursachengruppen charakterisierenden Auswirkungen sind im Betrieb einfach zu erfassen und können von jedem Mitarbeiter des Fertigungsbereiches und der Planung in bezug auf die betriebliche Relevanz beurteilt werden. Es wurde daher aus den charakterisierenden Auswirkungen ein Fragebogen (Anhang A4) erarbeitet, mit dessen Einsatz Rückschlüsse auf wahrscheinliche Ursachengruppen möglich sind. Mit Hilfe eines Arbeitsblattes zur Ursachenanalyse (Anhang A4) kann dann eine Rangreihe der für betriebliche Zeitverluste wahrscheinlichen Ursachengruppen ermittelt werden.

Die vorgeschlagene Ursachenanalyse wurde in einer begrenzten Anzahl von Produktionsanalysen im Zusammenhang mit dem Einsatz des Zeitwertmodelles angewendet sowie für eine weitere Anzahl abgeschlossener Projekte überprüft. Die Ergebnisse der Einzelanalysen bestätigten die Aussagen der vorgeschlagenen Ursachenanalyse. Im Rahmen des Zeitwerteinsatzes läßt sich das vorgeschlagene Verfahren als Suchstrategie zur Ermittlung wahrscheinlicher Ursachengruppen für Zeitverluste anwenden. Es ermöglicht eine Reduktion des Analyseaufwandes und stellt die Basis für Feinanalysen dar.

5.5 Ableitung von Parametern für ein Modell der Fertigungsstruktur

5.5.1 Vorgehensweise

Die in den Kapiteln 4 und 5 beschriebenen Erkenntnisse stellen die Grundlage für eine zeitwertbezogene Modellbildung dar. Mit Hilfe der Klassifizierung war es möglich, aus der großen Anzahl zeitwertbestimmender Einflußgrößen Modellparameter zur Beschreibung von Systemelementen, Beziehungen und Eigenschaften abzuleiten und zu definieren. Hierbei wurden verschiedene Verfahren, wie z.B. die Morphologie, die Typologie und die Funktionsanalyse eingesetzt (zur Methodik s. /29/). Aus den Ergebnissen der Querschnittsuntersuchung (Abschnitt 5.3) konnten Modellparameter für die Elemente und Beziehungen der vorgeschlagenen Modellbildung abgeleitet werden, aus der Auswirkungs-Ursachenanalyse (Abschnitt 5.4) Modellparameter für Eigenschaften der Elemente.

5.5.2 Schlüsselbereiche als Elemente der Fertigung

Die betrachteten Fertigungsbereiche können in Teilsysteme zerlegt werden, die Elemente des betrachteten Systemes darstellen. Für eine Analyse des Zusammenwirkens von Funktionsbereichen der Produktion hat es sich als sinnvoll erwiesen, die Fertigung in sogenannte "Schlüsselbereiche oder -werkstätten" zu gliedern. Als Kriterien bieten sich beispielsweise an

- o Kapitalintensität der Betriebsmittel
- o eingesetzte Technologien
- o vorhandene Organisationsstrukturen
- o räumliche Zuordnung von Fertigungsbereichen
- o Fertigung spezieller Produktgruppen.

Die "Komplexität des Fertigungsdurchlaufes" von Produkten/Teilen als wesentliche Einflußgröße wird bestimmt durch die eingesetzten Technologien und die Arbeitsorganisation. Deshalb werden für Zeitwertanalysen Schlüsselbereiche nach den Kriterien "eingesetzte Technologien" und "Fertigungsfortschritt" definiert.

Die Schlüsselbereiche werden entsprechend dem Fertigungsfortschritt folgenden Fertigungsstufen zugeordnet (Bild 24): Anfangswerkstätten (Erstellen von Rohteilen aus Material, charakteristische Technologien sind z.B. Stanzen, Drehen, Gießen, Kunststoffspritzen usw.); Weiterverarbeitung "Form" (z.B. die mechanische Weiterbearbeitung von Rohteilen durch spanende Verfahren); Weiterverarbeitung "Oberfläche" (z.B. Lackierverfahren, Galvanoverfahren, Härten); Lagerbereiche; Vormontagen und Endmontagen. Die Schlüsselbereiche werden in Matrixform graphisch je Fertigungsstufe vertikal, die Fertigungsstufen horizontal zugeordnet. Die entstehende Graphik stellt die Grundlage für das "qualitative Fertigungsstufenbild" dar (Bild 24).

Im Bild 24 ist beispielhaft das qualitative Fertigungsstufenbild eines feinwerktechnischen Unternehmens aufgezeigt. Auf die Ermittlung der in Bild 24 bereits enthaltenen charakteristischen Teiledurchläufe (Flüsse) als Beziehungen zwischen den Schlüsselbereichen wird im folgenden Abschnitt eingegangen.

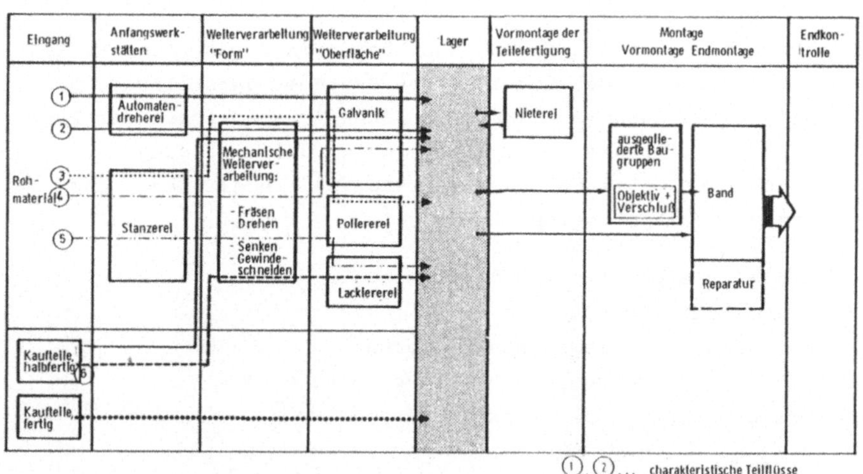

Bild 24: Darstellung der Fertigungsstufen eines feinwerktechnischen Unternehmens

5.5.3 Charakteristische Flüsse als Beziehungen zwischen Schlüsselbereichen

Eine detaillierte Untersuchung in einem Fertigungsabschnitt eines feinwerktechnischen Unternehmens ergab einen Zeitwert von 0,56, 44 % der eingesetzten Personalkapazität waren Verlustzeiten. Von diesen Verlustzeiten waren ca. 9 % Wartezeiten des Personals, 35 % Mehraufwand durch Nacharbeiten und Ausschußersatz. Die entsprechenden Teileströme sind qualitativ im Bild 25 dargestellt.

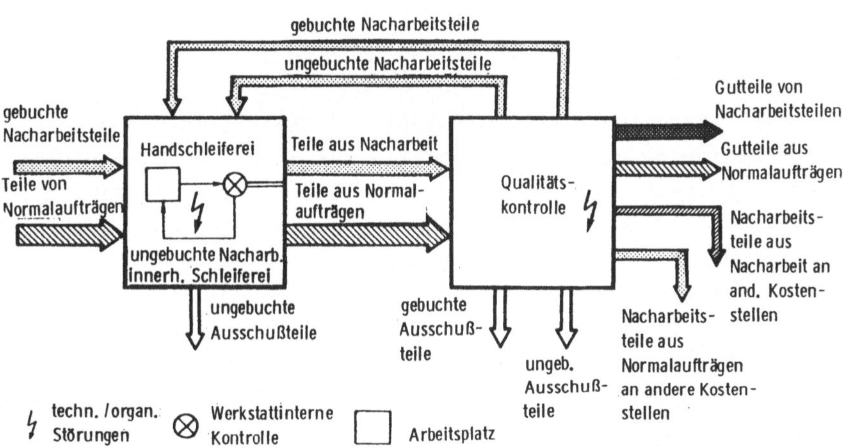

Bild 25: Teileflüsse in einem Fertigungsabschnitt (Beispiel Handschleiferei und angeschlossene Qualitätskontrolle eines feinwerktechnischen Unternehmens)

Bild 25 verdeutlicht, daß bereits bei einem sehr kleinen Fertigungsausschnitt relativ komplexe Fertigungsdurchläufe von zu fertigenden Teilen/Geräten auftreten können, die - als Materialströme meßbar - Aufschlüsse über systeminterne Wirkmechanismen zulassen. Da Störungen zu veränderten Materialströmen gegenüber Plan führen, wird aus Gründen der einfachen Meßbarkeit vorgeschlagen, die Beziehungen zwischen den Schlüsselbereichen durch Materialströme darzustellen. Als prinzipieller Ansatz zur Modellbildung wird somit für die vorliegende Aufgabenstellung ein mengenbezogenes Verflechtungsmodell gewählt.

Die Beziehungen zwischen den Schlüsselbereichen ergeben sich durch die Materialströme, die die Schlüsselbereiche durchlaufen. Die Fertigungsaufgabe - die zu produzierende Menge pro Zeitabschnitt an Einzelteilen, Baugruppen, Endprodukten verschiedener Typen und Varianten - kann im Einzelfall sehr komplex sein. Für die Produktionsanalyse hat es sich als sinnvoll erwiesen, die Fertigungsaufgabe zeitwertbezogen zu klassifizieren, indem die Gesamtheit der zu produzierenden Teile/Geräte wenigen, produktunabhängigen Klassen - den charakteristischen Teiledurchläufen bzw. -flüssen - zugeordnet wird. Für diese Klassen werden dann charakteristische Teile/Produkte analysiert und die Ergebnisse vereinfachend auf die gesamte Klasse übertragen.

In der Literatur sind eine große Zahl von Klassifizierungssystemen der Fertigungsaufgabe bekannt, die für unterschiedliche Zielsetzungen erarbeitet wurden. An dieser Stelle sei beispielhaft auf /74,75,76,77/ und die dort angeführte Literatur verwiesen. Da eine Klassifizierung problembezogen zu erfolgen hat, kann auf die o.a. Klassifizierungssysteme nur bedingt zurückgegriffen werden.

Im vorliegenden Fall sind als klassenbildende Kriterien Merkmale zu verwenden, die den zu analysierenden Fertigungsbereich in bezug auf Fertigungsschwierigkeiten und Störungen - die zu Verlustzeiten führen - charakterisieren. Für diese problembezogen ausgewählten Einflußgrößen sind deren Ausprägungen - z.B. in Form einer groben Skalierung - zu ermitteln. Bild 26 zeigt beispielhaft einen morphologischen Kasten für einen kunststoffverarbeitenden Betrieb, in dem vertikal die wesentlichen, Störungen verursachenden Einflußgrößen zusammengestellt wurden, horizontal die Ausprägungen dieser Einflußgrößen.

In diesen morphologischen Kasten werden Ausprägungskombinationen als Querschnitte eingetragen, durch die die Gesamtheit der Fertigungsaufgabe beschrieben wird. Die Teile, Baugruppen und Endprodukte, die durch die einzelnen Ausprägungen eines Querschnittes charakterisiert werden, werden als Klasse produktunabhängig zusammengefaßt. Die Erfahrung hat gezeigt, daß sich in den meisten

Fällen relativ komplexe Fertigungsaufgaben durch 5 bis 10 derartige Klassen beschreiben lassen.

Je Klasse wird ein charakteristisches Teil (Baugruppe, Endprodukt) ausgewählt, dessen Fertigung repräsentativ für diese Klasse detailliert analysiert wird. Entsprechend dieser Analyse wird ein

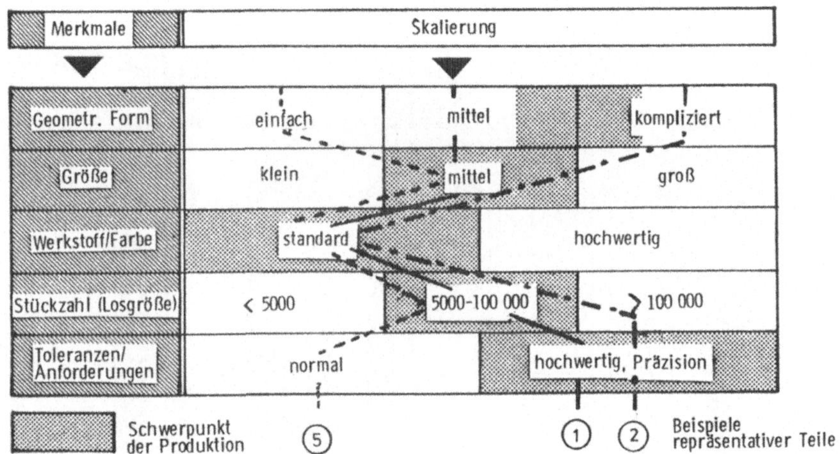

Bild 26: Morphologischer Kasten zur Ermittlung charakteristischer Teiledurchläufe (Beispiel eines kunststoffverarbeitenden Unternehmens)

Teilefluß definiert, der auf die Teile dieser Klasse angenähert zutrifft. Die charakteristischen Teileflüsse werden im qualitativen Fertigungsstufenbild eingetragen (s. Bild 24) und stellen die Beziehungen zwischen den Schlüsselbereichen dar (s. hierzu auch bei /78/ die Aussagen zur "Production-Flow-Analysis").

Wird diesen charakteristischen Flüssen eine zu fertigende Menge je Zeitabschnitt zugeordnet, so erhält man das "quantitative Fertigungsstufenbild". Bild 27 zeigt beispielhaft das quantitative Fertigungsstufenbild der Teilefertigung eines feinwerktechnischen Unternehmens.

Im quantitativen Fertigungsstufenbild werden die Schlüsselbereiche horizontal angeordnet. Die charakteristischen Teileflüsse durchfließen in einer Breite entsprechend ihres Mengenanteils die im Fluß befindlichen Schlüsselbereiche.

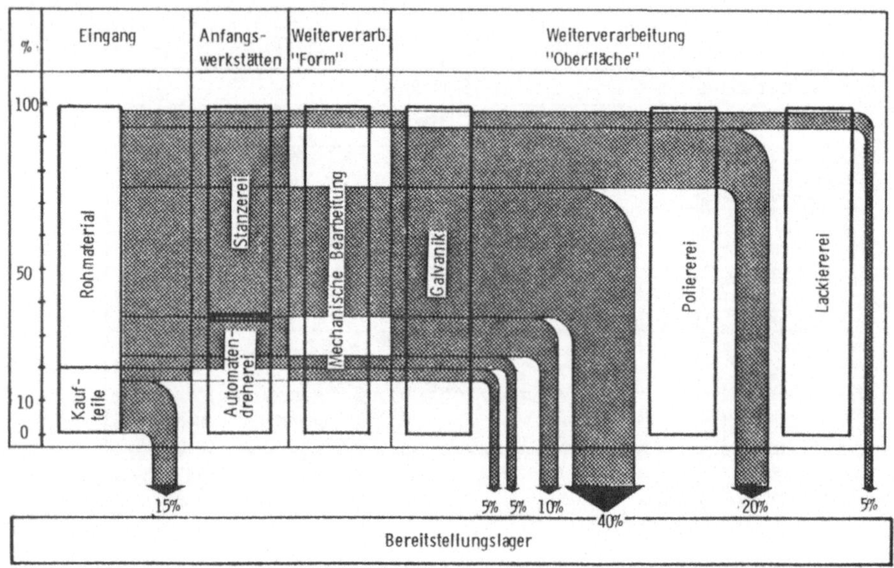

Bild 27: Quantitatives Fertigungsstufenbild einer Teilefertigung (Beispiel eines feinwerktechnischen Unternehmens)

Die hier vorgestellten Stufenbilder stellen eine starke Vereinfachung der in der Praxis vorkommenden Teiledurchläufe dar. Beispielsweise werden Rückflüsse vernachlässigt. Weiterhin gilt, daß je Schlüsselbereich bei einmaligem Durchlaufen eines Flusses die gesamte am Produkt in diesem Bereich anfallende Arbeit betrachtet wird, auch wenn in der Realität sich diese Arbeit auf mehrere Teilflüsse aufgliedert. Diese Vereinfachungen sind in Grobanalysen erfahrungsgemäß zulässig und bedeuten eine wesentliche Verbesserung der Operationalität dieses Ansatzes.

Neben den charakteristischen Flüssen (Teiledurchläufe) führen die im folgenden diskutierten "Eigenschaften" der Schlüsselbereiche zu weiteren Beziehungen.

5.5.4 Charakteristische Verlustarten als Eigenschaften von Schlüsselbereichen

Die in den Schlüsselbereichen auftretenden Störungen eignen sich zur zeitwertbezogenen Charakterisierung der Schlüsselbereiche. (Anmerkung: Zur Vereinfachung der Zeitwertanalyse werden Störungen, die zwischen den Schlüsselbereichen im Teiledurchlauf auftreten, dem vorangegangenen Schlüsselbereich zugeordnet).

Um die Anzahl der Modellparameter einzugrenzen, wurde eine Klassifizierung der im Einflußgrößenkatalog enthaltenen Störungen (Auswirkungen) vorgenommen. Klassifizierungskriterium war die Art der Zeitnutzung des produktiven Personals während der Stördauer. Die Klassifizierung der Störungen ergab zwei charakteristische Verlustarten. Diese charakteristischen Verlustarten sowie eine Klassifizierung der Störungsursachen nach Entstehungsbereichen sind im <u>Bild 28</u> dargestellt.

Der Gesamtverlust (ZV) eines Zeitabschnittes ergibt sich aus einem mengenbezogenen Mehraufwand (ZV_{Menge}) gegenüber der Planvorgabe, der in Form von Nacharbeiten und Ausschußersatz anfällt, sowie aus einem Anteil nicht genutzter Kapazität aufgrund von Wartezeiten des Personals. Diese Wartezeiten (ZV_{wart}) entstehen durch Personalüberkapazitäten (zu geringes Auftragsvolumen) sowie technisch-organisatorischen Störungen, die Verzögerungen im Fertigungsablauf hervorrufen.

(12) $$ZV = ZV_{wart} + ZV_{Menge} \quad \text{(min)}$$

Für die mengenbezogenen Mehraufwände gilt:

(13) $$ZV_{Menge} = ZV_A + ZV_{NI} + ZV_{NE} \quad \text{(min)},$$

mit ZV_A Mehraufwand für Ausschußersatz,
ZV_{NI} Mehraufwand für system<u>intern</u> verursachte Nacharbeiten,
ZV_{NE} Mehraufwand für system<u>extern</u> verursachte Nacharbeiten.

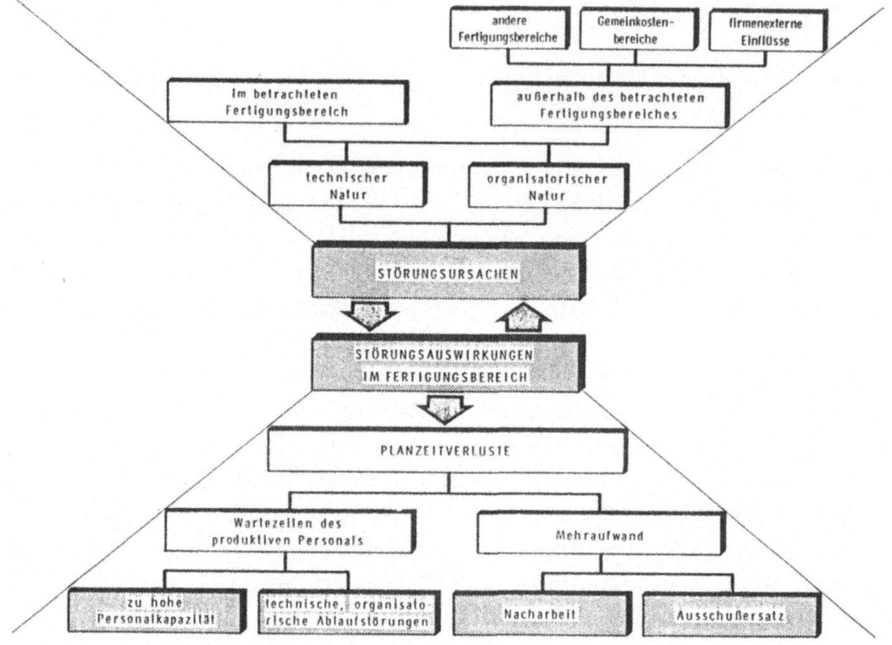

Bild 28: Klassifizierung charakteristischer Verlustarten und Störungsursachen

Für diese auftretenden Zeitanteile (Z) lassen sich die Personalzahlen (MA) für Kapazitätsbetrachtungen unter Berücksichtigung der Schichtzeit (TS) nach folgender Gleichung berechnen:

$$(14) \qquad MA = \frac{Z \cdot 100}{T_s \cdot LGRAD}$$

Zur Beschreibung der Schlüsselbereiche hat es sich als sinnvoll erwiesen, für die o.g. Verlustarten Verlustprozentsätze je Schlüsselbereich zur Basis Zeiteinsatz (ZE) einzuführen:

P_A Verlustprozentsatz für Ausschuß
P_{NI} Verlustprozentsatz für "interne" Nacharbeit
P_{NE} Verlustprozentsatz für "externe" Nacharbeit
P_W Verlustprozentsatz für Wartezeiten

Die Prozentsätze zur Basis Zeiteinsatz können in der Praxis vom Werkstattführungspersonal gut geschätzt oder auch aufgrund vorhandener Daten objektiv angegeben werden, Berechnungen von Verlustzeiten werden jedoch zur Basis Zeitausgabe entsprechend Kapitel 4.2.2.2 vorgenommen.

Der Zeitwert für Schlüsselbereiche läßt sich nach folgender Gleichung berechnen (ohne Verflechtungsaspekt mehrerer abhängiger Systeme, Kapitel 6):

$$(15) \qquad Z_W = \underbrace{1}_{I} - \frac{1}{100} \left[\underbrace{P_W}_{II} + \underbrace{(P_A + P_{NI} + P_{NE})}_{III} \underbrace{(1 + \frac{P_W}{100})}_{IV} \right]$$

mit I : Zeitanteil für Normalarbeit nach Planvorgabe (ZV = 0),

II : Wartezeitanteil der Normalarbeit,

III : Mengenbezogener Mehraufwand,

IV : Wartezeitanteil bei Durchführung mengenbezogenen Mehraufwandes.

6 ENTWICKLUNG EINES SIMULATIONSMODELLES FÜR DIE PLANUNGSFUNKTION

Im vorliegenden Kapitel wird ein Lösungsansatz zur Modellbildung von Fertigungsbereichen vorgestellt, der es entsprechend der Aufgabenstellung der Planungsfunktion im Analyseprozeß ermöglicht, Zustände in bezug auf Verlustzeiten darzustellen, ursachenbezogen Maßnahmen zur Verbesserung zu ermitteln (in Verbindung mit den Arbeitsergebnissen des Kapitels 5) und die Effektivität dieser Maßnahmen zu berechnen. Die gewählte Vorgehensweise bei der Entwicklung des Simulationsmodelles ist (in Anlehnung an /79/) im Bild 29 dargestellt.

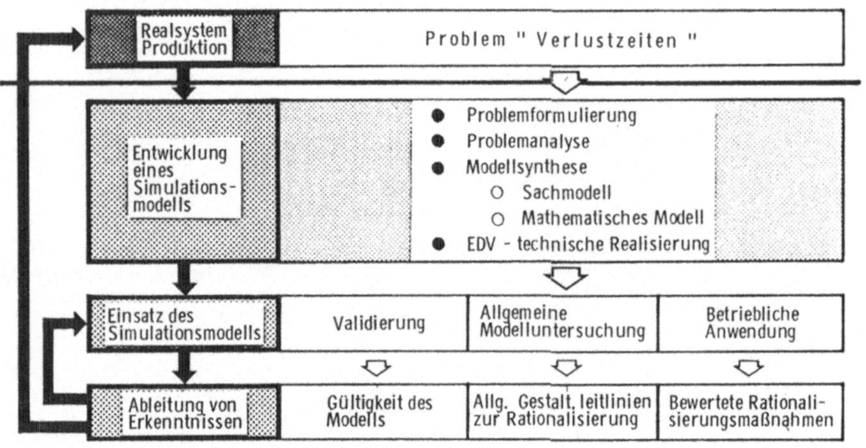

Bild 29: Entwicklung eines Simulationsmodells zur Entwicklung und Bewertung von Rationalisierungsmaßnahmen

6.1 Modellsynthese

In den folgenden Abschnitten wird die Synthese eines Sachmodelles von Fertigungsbereichen der Produktion vorgestellt. Auf der Grundlage dieses Sachmodelles wird ein mathematisches Modell entwickelt, das es erlaubt, Berechnungen von Zeitwerten und Zeitwertkomponenten vorzunehmen.

6.1.1 Sachmodell

Zunächst wird ein Lösungsansatz zur allgemeinen Modellbildung von Fertigungsstrukturen aufgezeigt, danach wird auf die Erstellung und Anwendung betriebsspezifischer Modelle eingegangen.

6.1.1.1 Allgemeine Modellbildung von Fertigungsstrukturen

Die vorgeschlagene Modellbildung zur Simulation von Rationalisierungsmaßnahmen basiert auf dem im Kapitel 4 beschriebenen Zeitwertmodell. Abhängig von der Analysezielsetzung werden abgegrenzte Fertigungsbereiche als Eingabe-Ausgabe-Systeme betrachtet. Zur Darstellung der internen Struktur des betrachteten Fertigungsbereiches wird entsprechend den Ausführungen in Abschnitt 5.5 ein mengenbezogenes Verflechtungsmodell gewählt. Die entsprechenden Modellparameter und deren Symbole für graphische Darstellungen sind im Bild 30 zusammengestellt.

Als Elemente der Modellstruktur werden Teilsysteme (Schlüsselbereiche) des betrachteten Fertigungsbereiches abgegrenzt und als Knoten des Verflechtungsmodells bezeichnet. Diese Schlüsselbereiche werden entsprechend den Ausführungen über die Bildung des qualitativen Fertigungsstufenbildes (Abschn. 5.5.2) den Fertigungsstufen zugeordnet.

Eigenschaften dieser Knoten sind die in Abschnitt 5.5.4 beschriebenen charakteristischen Verlustarten, die für jeden Knoten festzulegen sind. Die mengenbezogenen Mehraufwände werden in Prozent der im Knoten durchzuführenden "Normalarbeit nach Plan" (Verluste gleich Null) angegeben, die Verluste durch technisch-organisatorische Störungen in Prozent auf die Basis Normalarbeit plus mengenbezogene Mehraufwände (Störungen fallen auch bei der Bearbeitung von Nacharbeiten und Ausschußersatz an). Nacharbeiten gliedern sich in interne Nacharbeiten, die im (die Nacharbeit verschuldenden) Knoten durchgeführt werden können und in externe Nacharbeiten, die außerhalb des verschuldenden Knotens bearbeitet werden müssen.

Beziehungen zwischen den Knoten des Modells werden mit Hilfe der Klassifizierung der Fertigungsaufgabe durch charakteristische Tei-

Beschreibung		Bezeichnung	Symbole
Element	Charakteristischer Fertigungsbereich, Werkstatt, Eingabe-, Ausgabebereich, (Lager)	Knoten	Schleiferei (n)
Beziehungen zwischen Elementen, Charakterisierung von Elementen	Fertigungsaufgabe als charakteristische Teileflüsse pro Periode, Basis Produktionsplan	Normalarbeitsflüsse	1 ——→ 2 - - - → ⋮
	Charakteristische Verlustarten je Fertigungsbereich / Werkstatt	Mehraufwandsflüsse ● Ausschußersatz ● Knoteninterne Nacharbeit ● Knotenexterne Nacharbeit	(A)
		Zeitverluste durch techn./org. Störungen (Wartezeiten)	

Bild 30: Modellparameter und verwendete Symbole

leflüsse (entsprechend den Ausführungen in Abschnitt 5.5.3) hergestellt. Weitere Beziehungen ergeben sich aufgrund der mengenbezogenen charakteristischen Verlustarten, da sie Mengenströme zwischen den Knoten erzeugen. Der je Knoten anfallende Ausschuß wird ersetzt durch Neufertigung vom ersten Knoten an.

Bild 31 zeigt einen Ausschnitt eines allgemeinen Verflechtungsmodells. Im Bild 31 sind Systemgrenzen für ein "inneres" und ein "äußeres" System eingetragen. Mit Hilfe dieser Systemgrenzen sollen zwei Bezugssysteme für die Zeitwertbetrachtung definiert werden, durch deren Einführung die Eignung des Zeitwertes zum Aufzeigen von Reibungsverlusten verschiedener Fertigungsbereiche besonders deutlich wird.

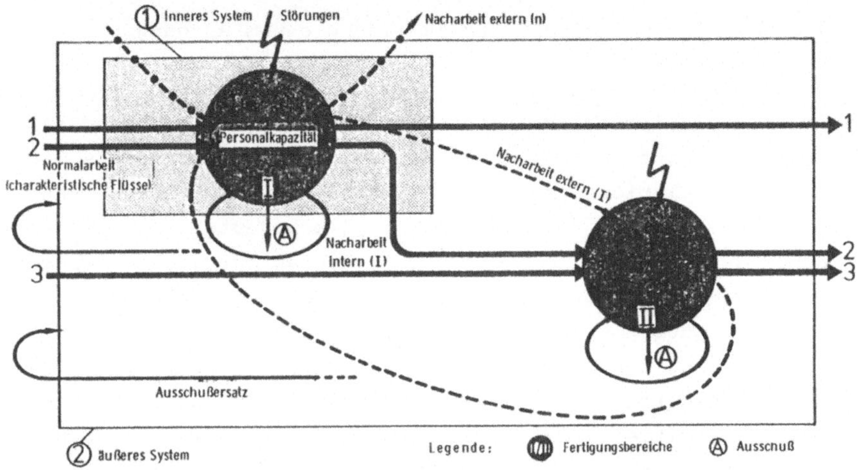

Bild 31: Ausschnitt eines allgemeinen Verflechtungsmodells

Je Knoten (inneres System) wird der knotenspezifische Zeitwert ZW_K definiert. Die knotenspezifischen Verluste werden nur durch die charakteristischen Verlustarten des betrachteten Knotens bestimmt. Im Zeitwert des Gesamtsystems ZW_{ges} werden alle auftretenden Mehraufwendungen berücksichtigt, also auch beispielsweise der Ausschußersatz, der im Knoten II verschuldet wird, aber im Knoten I anteilig und als Gutarbeit bearbeitet wird. Für den Knoten I wirkt sich diese anteilige Gutarbeit des Ausschußersatzes positiv im Zeitwert aus, für das Gesamtsystem ist diese Arbeit im Sinne einer Zeitwertanalyse Mehraufwand und müßte vermieden werden. Neben dem Zeitwert ZW_k jedes Knotens (inneres System, Knotenbetrachtung) kann also ein Zeitwert ZW_{kges} definiert werden, in dem auch die - im Knoten als Gutarbeit erscheinenden - für das Gesamtsystem als Mehraufwendungen zu betrachtenden Arbeiten entsprechend als Verluste berücksichtigt werden. Gleiches gilt auch für externe Nacharbeiten.

Bei dieser Betrachtungsweise wird deutlich, daß Betriebsdatenanalysen, die werkstatt- oder kostenstellenbezogen ausgewertet werden, zu guten Ergebnissen führen können, der Gesamtbetrieb aber durchaus hohe Zeitverluste aufweisen kann, die "zwischen den Funktionsbereichen" intransparent bleiben.

6.1.1.2 Projektspezifische Modellbildung eines Ausgangszustandes

Die Ableitung der Modellstruktur im betrieblichen Anwendungsfall wird sich zunächst darauf konzentrieren, den Istzustand als Grundlage einer Simulation verschiedener Maßnahmen zur Verbesserung dieses Ausgangszustandes abzubilden. Dies bedeutet, daß die Wahl der Schlüsselbereiche sich im wesentlichen an der realen Struktur orientiert. Die notwendigen Informationen der Fertigungsaufgabe und der Knotenmerkmale können für Grobanalysen durch ein Team von Mitarbeitern der betroffenen Bereiche geschätzt werden oder durch Auswertung von Vergangenheitswerten vorhandener Betriebsdaten ermittelt werden. Für exakte Analysen ist es notwendig, die Daten objektiv in der Fertigung zu erfassen.

Es sind das qualitative und das quantitative Fertigungsstufenbild zu erstellen, wobei der Zuordnung des Produktionsprogrammes zu charakteristischen Flüssen besondere Bedeutung zukommt (s. Abschn. 5.5). Die charakteristischen Teileflüsse sind im Team auf der Grundlage einer Störungsanalyse (Verlustzeiten) zu definieren (s. auch Abschn. 5.5.3).

Je Knoten sind die auftretenden charakteristischen Verlustarten festzulegen und durch Schätzung oder Erfassung für den Istzustand zu quantifizieren. Weiterhin wird vereinfachend je Knoten und je Teilefluß eine durchschnittliche Vorgabezeit für die Bearbeitung "eines Teiles" angenommen. Da die vorliegende Betrachtung personaleinsatzorientiert ist, sind Sonderfälle wie z.B. Mehrmaschinenbedienung oder spezielle Technologien (verfahrensabhängige technische Zentren) zu berücksichtigen.

Bei einer betriebsspezifischen Modellbildung können sich Randbedingungen auf die Komplexität des Modelles vereinfachend auswirken, wie z.B.:

- Anfangswerkstätten können oft aufgrund der eingesetzten Technologien weder die selbst verschuldete Nacharbeit noch Nacharbeit anderer Knoten bearbeiten.

- Oft sind nur wenige "Knoten" charakteristische Nacharbeitsbereiche, in denen sich die Mehraufwände konzentrieren.
- Technische Störungen fallen stark bei hochmechanisierten Bereichen an, organisatorische Störungen stärker am Ende des Fertigungsdurchlaufes aufgrund von Abstimmungsproblemen.

6.1.1.3 Bewertung von Zuständen und Rationalisierungsmaßnahmen

Im Bild 32 ist der vorgeschlagene Handlungsablauf zur Bewertung von Zuständen und Rationalisierungsmaßnahmen dargestellt. Um eine Analyse von Fertigungsbereichen zu ermöglichen, muß das vorgestellte Verflechtungsmodell mathematisch derart erfaßt werden, daß aus den Modellparametern die zu optimierende Zielgröße, der Zeitwert, berechnet werden kann. Der beschriebene Ansatz zur Modellbildung ermöglicht dann eine zeitwertbezogene Darstellung und Bewertung von Zuständen. Hierzu werden Auswertungen der Zeitwerte, des eingesetzten Personals sowie der Verlustzeitanteile für Knoten, charakteristische Flüsse und Produktgruppen mit Hilfe von ABC-Analysen vorgenommen.

Rationalisierungsmaßnahmen lassen sich bewerten, indem in Abhängigkeit von den Maßnahmen die Modellparameter eines Ausgangszustandes variiert werden. Die Veränderungen der charakteristischen Verlustarten sind - abhängig von den untersuchten Maßnahmen - für betroffene Knoten zu schätzen oder mit Hilfe betriebsspezifischer Prognoseformeln (z.B. Regressionsformeln auf der Basis von Vergangenheitswerten) zu berechnen. Hierbei können die Ergebnisse des Kapitels 5 als Erfahrungswerte Hilfestellung leisten. Da die verlustartenbezogenen Veränderungen nur für Teilbereiche zu schätzen sind, sind extreme Fehleinschätzungen selten. Als methodisches Hilfsmittel empfiehlt sich die Verwendung einer "Beeinflussungsmatrix" als Arbeitsunterlage, in der die charakteristischen Verluste je Knoten übersichtlich dargestellt und variiert werden können. Die Auswirkungen auf das Gesamtsystem - die komplex vernetzt sein können - sind dann zu berechnen. Im folgenden Abschnitt wird ein entsprechendes mathematisches Modell vorgestellt.

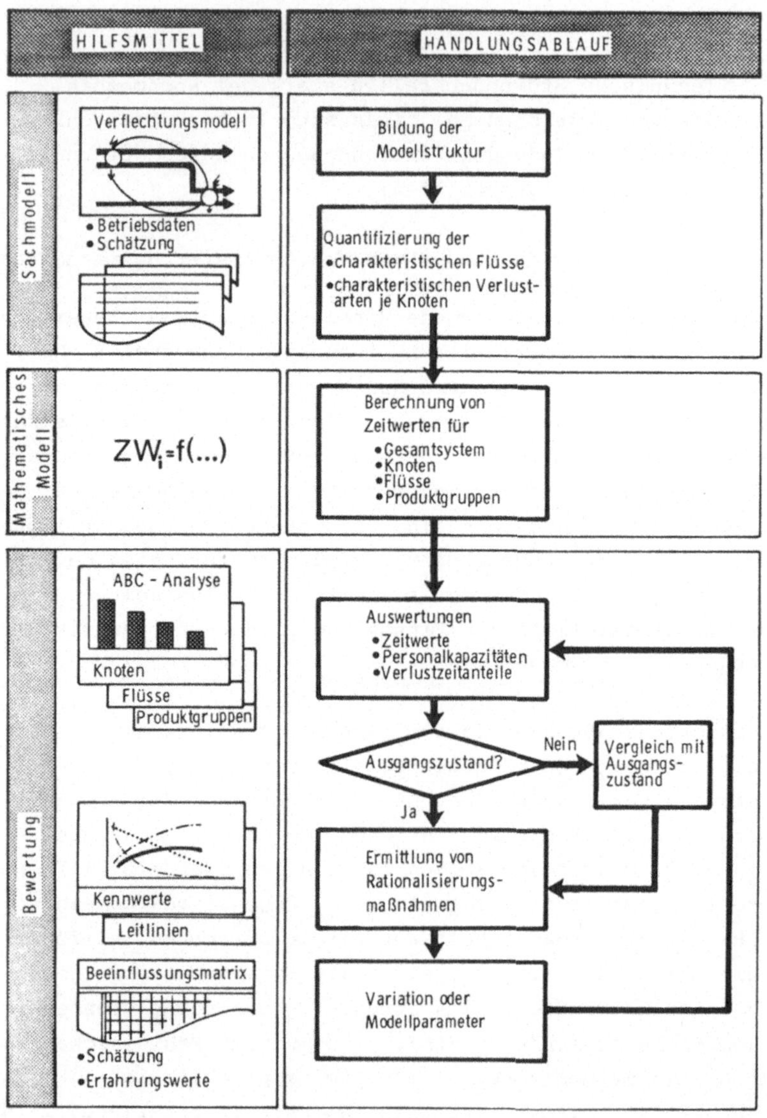

Bild 32: Handlungsablauf zur Bewertung von Zuständen und Rationalisierungsmaßnahmen

6.1.2. Mathematisches Modell

Für das mathematische Modell zur Simulation von Rationalisierungsmaßnahmen wird zunächst der Simulationstyp bestimmt. Danach wird ein Ansatz zur mathematischen Behandlung von Eingabe-Ausgabe-Modellen ausgewählt und ein entsprechender Algorithmus beschrieben.

6.1.2.1 Wahl des Simulationstyps

Die Erfahrung hat gezeigt, daß in komplexen Systemen der Produktion eine Vielzahl unterschiedlich verursachter Störungen Verlustzeiten hervorrufen, jedoch die Summe der Auswirkungen (Gesamtverlust) für längere Zeitabschnitte relativ konstant bleibt (s. hierzu auch das Beispiel in Kapitel 4). Dies bedeutet, daß in der hier vorgeschlagenen Modellbildung die Zeit als unabhängige Variable vernachlässigt werden kann und ein <u>statischer Modelltyp</u> ausreicht. Dies kommt insbesondere der Forderung nach einfacher Handhabung des Simulationsmodells entgegen. Bei der Bewertung von Maßnahmen zur Veränderung des Systems werden somit dynamische Einschwingvorgänge aufgrund der Systemänderung <u>nicht</u> betrachtet, sondern stets ein konsolidierter, eingeschwungener Zustand nach der Einleitung von Maßnahmen.

Da bei der Simulation von Maßnahmen für die charakteristischen Verlustarten der Schlüsselbereiche mit Wahrscheinlichkeitswerten gearbeitet wird, ist das vorliegende Modell in die Klasse der stochastischen Modelle einzuordnen.

Als Zielgröße wurde für den vorliegenden Modellansatz die Kennzahl Zeitwert definiert. Aufgabenstellung des Modellanwenders ist es, durch eine schrittweise Einleitung verschiedener Maßnahmen am Modell eines Ausgangszustandes Veränderungen vorzunehmen, die den Zeitwert des Gesamtsystems zu einem Maximum - und somit die Zeitverluste zu einem Minimum - führen. Der "Simulationstyp" des vorgeschlagenen Modells kann also mit "adaptiv extremierend, statisch-stochastisch" beschrieben werden.

6.1.2.2 Der Markov-Prozeß als mathematisches Hilfsmittel

Für die mathematische Behandlung von Eingabe-Ausgabe-Modellen gibt es eine Reihe von Ansätzen in der Literatur. An dieser Stelle sei beispielhaft auf die Ausführungen von Klook /80/ und Deveaux /81/ hingewiesen. Aufgrund des o.b. Modellansatzes erscheint für die mathematische Darstellung komplexer Fertigungssysteme der Markov-Prozeß als geeignetes Hilfsmittel.

Ein Markov-Prozeß ist die mathematische Darstellung eines sich zufällig verändernden Systems.Der Wechsel von einem Systemzustand zum anderen wird durch Übergangswahrscheinlichkeiten beschrieben, die in einer Übergangsmatrix zusammengefaßt werden. Ist ein bestimmter Zustand eines Markov-Prozesses und dessen Übergangsmatrix bekannt, dann können alle anderen Zustände des Markov-Prozesses bestimmt werden. Hierzu wird mit Hilfe der Übergangswahrscheinlichkeiten für jeden möglichen Zustand eine Wahrscheinlichkeitsbilanz in Form einer Gleichung aufgestellt. Unter Berücksichtigung der Bedingung, daß die Summe der Zustandswahrscheinlichkeiten eins ist, können alle Zustandswahrscheinlichkeiten durch Auflösung des Gleichungssystems ermittelt werden. Die Lösungen von Markov-Prozessen sind also Zustandswahrscheinlichkeiten, die aus vorgegebenen Übergangswahrscheinlichkeiten berechnet werden.

Der in Abschnitt 6.1.1.1 beschriebene Modellansatz kann als Markov-Prozeß aufgefaßt werden. Betrachtet man den Durchlauf eines Werkstückes, so verändert sich nach jeder Bearbeitung in einem Schlüsselbereich der Zustand des Werkstückes in "Gutstück zum nächsten Bereich", "Ausschuß" oder "interne, externe Nacharbeit". Die Übergangswahrscheinlichkeiten entsprechen den prozentualen Anteilen der Gutarbeit und der charakteristischen Mengenverluste je Knoten. Führt man Hilfsknoten für die Eingabe, den Ausschuß und die Ausgabe ein, und ersetzt jedes "ausgeschleuste" Teil der Ausgabe- und Ausschußknoten durch ein neues Werkstück im Eingabeknoten, so erhält man einen geschlossenen Kreislauf für den Werkstückfluß, der mit Hilfe des Markov-Prozesses berechnet werden kann.

Abhängig von den Übergangswahrscheinlichkeiten im Teiledurchlauf lassen sich Zustandswahrscheinlichkeiten π_i für die Knoten ermitteln. Die Zustandswahrscheinlichkeiten der einzelnen Knoten können mit der Zustandswahrscheinlichkeit des Ausgabeknotens verglichen werden. Die Knotenkennzahl KZ_i gibt an, um welchen Faktor die Wahrscheinlichkeit, daß sich das Werkstück im Knoten i befindet, größer ist als die Wahrscheinlichkeit, daß es sich im Ausgabe-Knoten befindet.

$$KZ_i = \frac{\pi_i}{\pi_{Ausgabe}} \tag{16}$$

Beträgt beispielsweise KZ_i zwei, so kann daraus geschlossen werden, daß der Knoten i zweimal durchlaufen wird, bevor das Teil einmal als Gutteil den Ausgabeknoten erreicht. Da bei Arbeiten nach Plan (Verluste gleich Null) entsprechend der Definition jedes Teil nur einmal jeden Bereich durchläuft, wird im Knoten i doppelt soviel Aufwand benötigt als nach Plan vorgesehen ist.

Mit Hilfe der Knotenkennzahl KZ_i als Verhältnis zweier Zustandswahrscheinlichkeiten - die mit Hilfe des Markov-Prozesses unter Berücksichtigung der Verflechtung des Gesamtsystems berechnet wurden - läßt sich also ermitteln, wieviele Teile jeden Knoten durchlaufen, bevor ein Gutteil die Fertigung verläßt. Summiert man die Aufwände aller Knoten für die gesamte Fertigungsaufgabe eines Zeitabschnittes, die - entsprechend Kapitel 4 - zur Fertigung von 100 % Ausgabe des Produktionsplanes notwendig sind, so erhält man den Gesamtaufwand.

Der Markov-Prozeß erlaubt eine knappe und übersichtliche Darstellung durch Matrizenschreibweise. Für die durchzuführenden Matrizenoperationen existieren (bei rechnerunterstützter Bearbeitung) Programme in verschiedenen Programmiersprachen sowie in fast allen Betriebssystemen entsprechende interne Unterprogramme. Eine Anwendung des Lösungsschemas ist für den praktischen Anwendungsfall sehr leicht ohne Kenntnisse der Theorie möglich. Für eine vertiefende Betrachtung des Markov-Prozesses sei auf /82,83/ verwiesen.

6.1.2.3 Algorithmus

Im folgenden werden die wesentlichen Algorithmen, die zur Beschreibung und Auswertung von Verflechtungsmodellen Anwendung finden, zusammengefaßt dargestellt. Grundlage sind die in den vorangegangenen Kapiteln bereits beschriebenen Gleichungen zur Ermittlung von Zeitwerten.

Um die mathematischen Ausdrücke in bezug auf einzusetzende Indizes für den allgemeinen Fall zu vereinfachen, gelten folgende Festlegungen:

- Betrachtungszeitraum ist 1 Arbeitstag mit einer Schicht, auf diese Einheit sind Mengenangaben der Fertigungsaufgabe sowie alle Zeitaufwände bezogen. (Ein Fertigungsprogramm für längere Zeitabschnitte wird entsprechend umgerechnet).
- Die Gleichungen werden für Knoten angegeben.
- Ergebnisse bezogen auf die charakteristischen Teileflüsse ergeben sich aus einer Summation der im Fluß enthaltenen Knoten (Zeitwerte für Flüsse sind gewichtete Durchschnitte der Knotenzeitwerte)
- Ergebnisse bezogen auf ein Gesamtsystem ergeben sich aus der Summation der Werte für die Flüsse
- produktgruppenbezogene Werte ergeben sich aus einer Aufschlüsselung der charakteristischen Teileflüsse.

Entsprechend den Ausführungen in Abschnitt 6.1.1.1 wird unterschieden zwischen einer knotenbezogenen und einer gesamtsystembezogenen Betrachtung.

Für die Beschreibung des Ausgangszustandes des Modells werden Matrizen verwendet, die als "Originaldaten" während der Gesamtsimulation dem Anwender zur Verfügung stehen. Zunächst wird aus dem Produktionsprogramm des betrachteten Zeitabschnittes die zu fertigende Stückzahl pro Tag (1 Schicht) jedes Flusses berechnet. Danach wird für jeden charakteristischen Teilefluß eine Übergangsmatrix (Markov-Prozeß) ermittelt, in der je Knoten die Prozentsätze für die mengenbezogenen Verluste und für die Gutstücke angegeben sind. Diese Matrix wird mit dem Gauß'schen Eliminationsverfahren aufgelöst. Der Ergebnisvektor entspricht den Zustandswahrscheinlichkeiten der Knoten. Mit Hilfe der Gleichung (16) werden alle Zustandswahrscheinlichkeiten auf den entsprechenden Wert des Ausgabeknotens bezogen. Die sich ergebende Knotenkennzahl KZ_k ist ein Faktor für die mengenmäßige Eingabe eines Knotens unter Berücksichtigung der Gesamtverflechtung, um 100 % der geplanten Fertigungsaufgabe im Ausgabeknoten zu erhalten.

Zur Berechnung der Zeitanteile der Knoten (inneres System) werden folgende Gleichungen verwendet:

Der Zeiteinsatz ergibt sich aus (2), Kap. 4:

(17) $$ZE_k = ZA_k + ZV_k \quad \text{(min)}$$

Für die Verlustzeit gilt

(12) $$ZV_k = ZV_{wart_k} + ZV_{Menge_k} \quad \text{(min)}$$

Entsprechend der Definition des Modellansatzes ist die Wartezeit zu berechnen aus

(18) $$ZV_{wart_k} = \frac{Pw_k}{100} \cdot ZE_k \quad \text{(min)}$$

Für die mengenbezogenen Verluste und die Zeitausgabe gilt unter Verwendung der Knotenkennzahl KZ_k für einen Teilefluß:

(19) $$ZV_{Menge_k} = n \cdot KZ_k \cdot te_k \left[\frac{P_{A_k} + P_{NI_k} + P_{NE_k}}{100}\right] \quad \text{(min)}$$

(20) $$ZA_k = n \cdot KZ_k \cdot te_k \cdot \left[1 - \frac{P_{A_k} + P_{NI_k} + P_{NE_k}}{100}\right] \quad \text{(min)}$$

Aus den Gleichungen (12), (17), (18), (19), (20) ergibt sich für ZE_k:

(21) $$ZE_k = \frac{n \cdot KZ_k \cdot te_k}{1 - \frac{P_{w_k}}{100}} \quad \text{(min)}$$

Die entsprechenden Personenzahlen werden mit Hilfe der Gleichung (14) (s. Kapitel 5) berechnet. Der Zeitwert wird direkt aus den Verlustprozentsätzen des Knotens mit Hilfe der Gleichung (15) (s. Kapitel 5) ermittelt.

Für Berechnungen bezüglich des Gesamtsystems (äußeres System) sind entsprechend der Definition des Zeitwertes auch die Bearbeitung von Gutstücken für Ausschußersatz und externer Nacharbeiten anderer Knoten als Verlust zu werten. Die Zeitwerte bezüglich des Gesamtbetriebes werden deshalb aus dem berechneten effektiven Zeiteinsatz (s.o.) und dem minimalen Zeiteinsatz unter der Bedingung "Verluste im Betrieb gleich Null" (Idealfertigung) ermittelt. Diese als Normalarbeit (Z_{NA}) bezeichnete Größe ergibt sich aus

$$(22) \qquad Z_{NA_k} = n_k \cdot te_k \quad \text{(min)}$$

Für den Zeitwert gilt dann je Knoten eines Flusses:

$$(23) \qquad ZW_{kges} = \frac{Z_{NA_k}}{ZE_k} \quad \text{(äußeres System)}$$

Die Berechnung der geleisteten externen Nacharbeit in einem Knoten k für andere Knoten x (pro Knoten pro Fluß) kann ermittelt werden durch

$$(24) \qquad ZV_{NE} = (n_x \cdot KZ_x \cdot P_{NE_x} \cdot te_k) \frac{1}{100} \quad \text{(min)}$$

Der geleistete Ausschußersatz an Gutteilen (Ausschuß anderer) wird berechnet über eine Bilanz der Zeitanteile:

$$(25) \qquad ZV_{A_{kges}} = ZE_k - ZV_k + ZV_{A_k} - Z_{NA_k} - ZV_{NE_k} \quad \text{(min)}$$

Für komplexe Systeme wird die manuelle Handhabung der beschriebenen Gleichungen sehr aufwendig, so daß der Einsatz der elektronischen Datenverarbeitung (EDV) notwendig ist.

6.2 Einsatz der elektronischen Datenverarbeitung

Die konsequente Weiterentwicklung der vorgeschlagenen Vorgehensweise ist eine rechnerunterstützte Durchführung des Analyseprozesses. Der beschriebene Analyseprozeß besteht aus formal-logischen Analyseschritten, die mit Hilfe geeigneter Algorithmen (s.o.) vom Rechner durchgeführt werden können, und aus kreativ-logischen Schritten, die vom Bearbeiter selbst zu übernehmen sind. Um eine solche Aufgabenteilung zu erreichen, ist es sinnvoll, den Analyseprozeß im Dialogverkehr zwischen Arbeitsplaner und Rechner vorzunehmen.

Für den Einsatz der elektronischen Datenverarbeitung im Analyseprozeß wurde das Programmsytem "Simulation des personellen Mehraufwandes bedingt durch organisatorische Reibungsverluste" (SIMOR) im Rahmen dieser Arbeit entwickelt und auf einer Rechenanlage des Typs CDC 6600 implementiert und getestet. Durch Einsatz der elektronischen Datenverarbeitung können folgende Verbesserungen des Analyseprozesses erreicht werden:

- größere Genauigkeit der Analyseergebnisse aufgrund der Möglichkeit, reale Systeme durch Modelle höherer Differenziertheitsgrade nachzubilden;
- Entlastung des Bearbeiters von repetitiven Tätigkeiten;
- Reduzierung der Analysezeiten;
- systematische Dokumentation und Nachvollziehbarkeit des Analyseprozesses.

6.2.1 Programmsystem SIMOR

Von den heutzutage eingesetzten Programmiersprachen, die insbesondere die Forderungen nach Kompatibilität und hohem Bedienungskomfort erfüllen, dominiert im technisch-wirtschaftlichen Bereich FORTRAN nach DIN 66027 /84/. Aus diesem Grunde wurde das Programmsystem SIMOR in der Programmiersprache FORTRAN geschrieben. Um den allgemeinen Anforderungen an einen benutzerfreundlichen Programmaufbau in bezug auf Dialogfähigkeit, einfache Änderungs- und Erweiterungsmöglichkeiten, kompatible Schnittstellenbildung und Übersichtlichkeit gerecht zu werden, wurde das Programm modularartig aufgebaut. Das Programmsystem SIMOR besteht aus einem Steuerprogramm und 14 Unterprogrammen. Die Struktur des Steuerprogramms ist in den Bildern 33 und 34 dargestellt, die verwendeten Programmspezifikationen sind im Anhang A5 dieser Arbeit zusammengefaßt.

Für die Programmsteuerung werden drei Speicherbereiche (NSIMUL = 1, 2, 3) verwendet. Im Speicherbereich 1 bleiben über die Gesamtlaufzeit der Simulation die Originaldaten des Ausgangszustandes und die dazu gehörigen Ergebniswerte gespeichert, in den Speicherbereichen 2 und 3 werden Simulationsrechnungen durchgeführt. Hierbei kann jeweils die letzte Rechnung mit der vorletzten Rechnung verglichen werden. Der Benutzer kann also durch Simulation von Maßnahmen den Ausgangszustand schrittweise verbessern.

Das Programm ist in der derzeitigen Ausbaustufe dimensioniert für die gleichzeitige Verarbeitung von 25 Knoten im Modell, 8 charakteristischen Teileflüssen und einer Anzahl von 30 unterschiedlichen Produkten. Komplexere Aufgabenstellungen sind durch Teilmodellbildungen zu lösen. Das Programm ist ausbaufähig.

Die Eingabe der Originaldaten sowie auch von Modifikationen bei einer Maßnahmensimulation erfolgt im Dialog zwischen Bearbeiter und Rechner über Bildschirmterminal. Die komfortablen Eingabe-Unterprogramme ermöglichen eine Kontrolle der Daten am Bildschirm sowie eine mühelose Korrektur. Alle Eingaben erfolgen formatfrei. Hierdurch werden die Eingabezeit und die möglichen Eingabefehler stark reduziert. Vom Programm werden alle Eingaben mit Hilfe einer Datenbeschreibung am Bildschirm angefordert und quittiert. Entsprechend der Reihenfolge in der Programmstruktur werden die Fertigungsaufgabe und die qualitativen und quantitativen Beschreibungen der Knoten und Teileflüsse mit Hilfe von Matrizen eingegeben (MFERTA, MEHRA, MFLUS, RKNOT). Die Be-

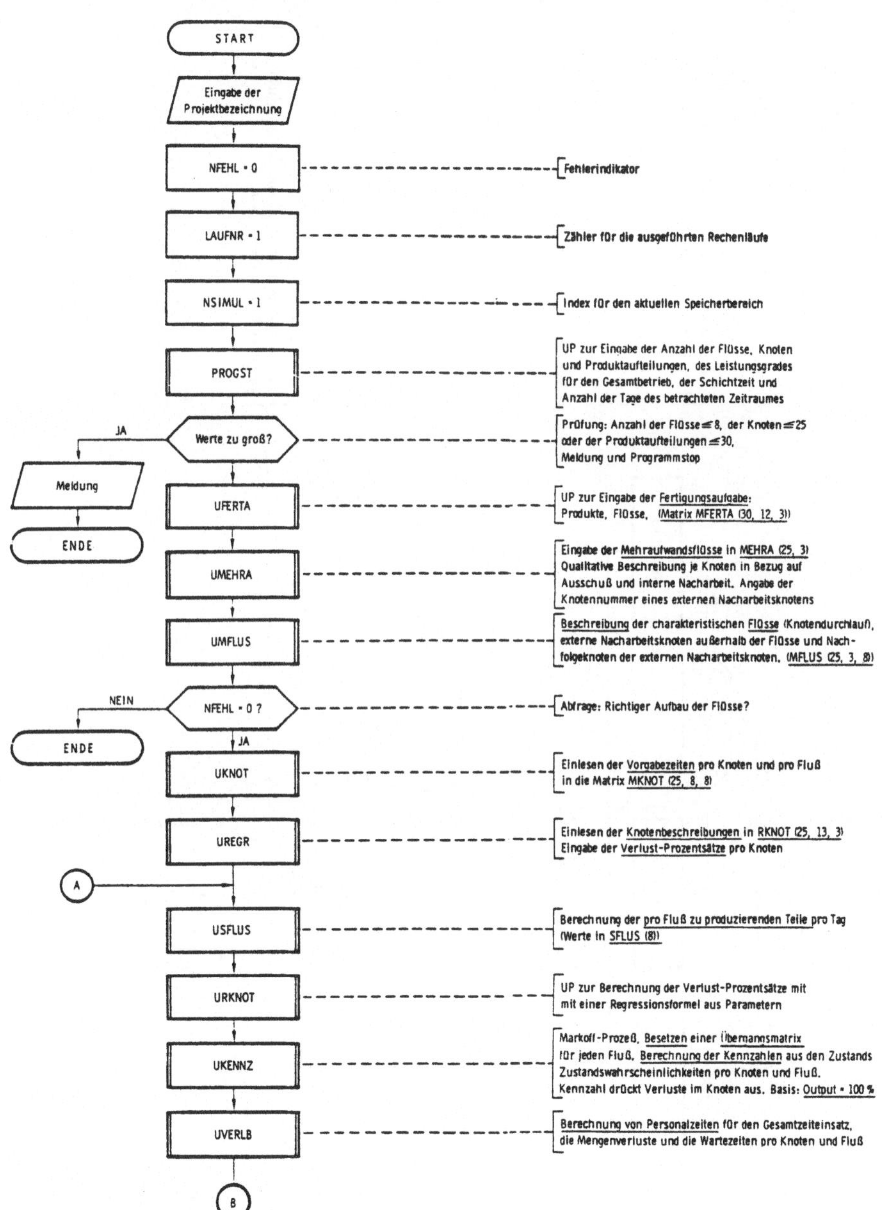

Bild 33: Programmstruktur SIMOR, Teil 1

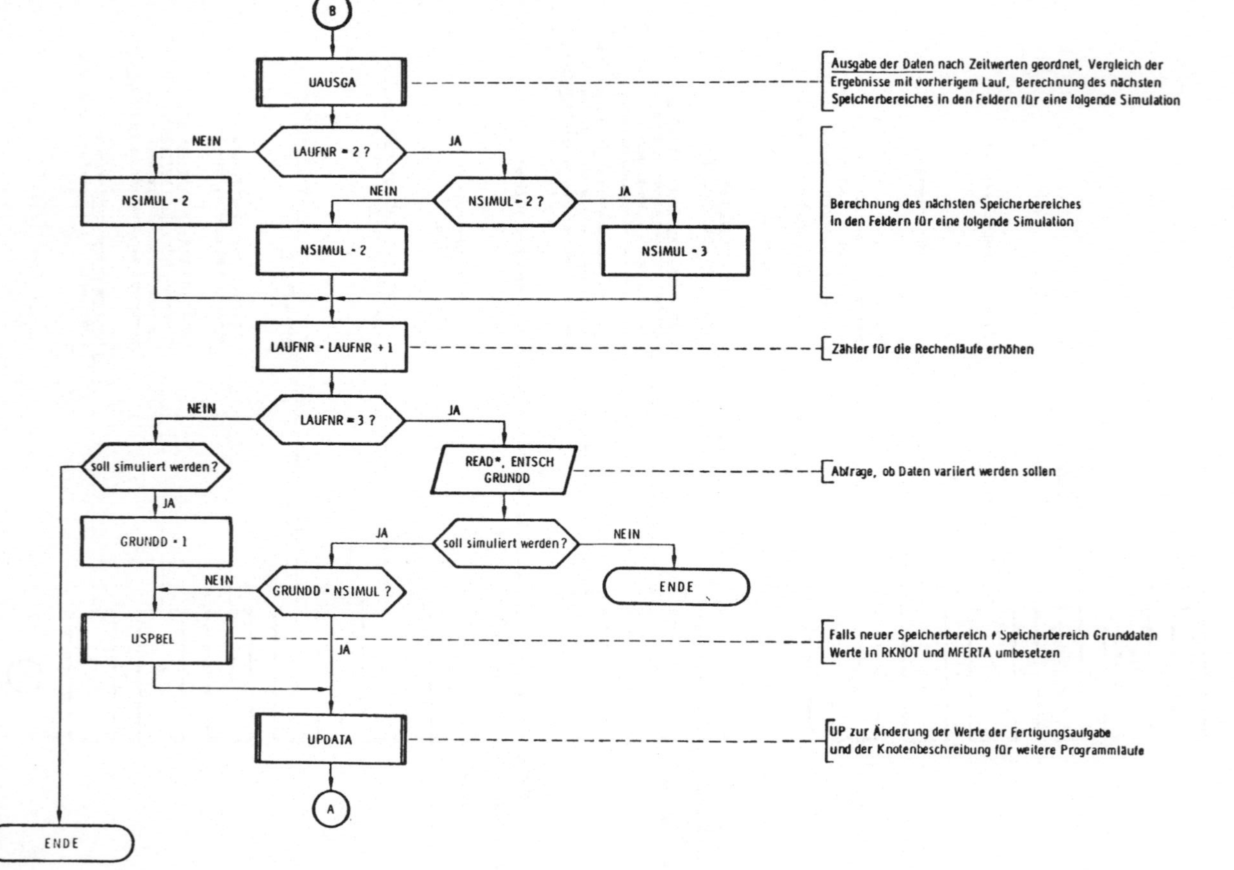

Bild 34: Programmstruktur SIMOR, Teil 2

rechnungen erfolgen in den Unterprogrammen UKENNZ und UVERLB entsprechend den Ausführungen in den Abschnitten 6.1.2.2 (Markov-Prozeß) und 6.1.2.3 (Algorithmen).

Die Auswertung (UAUSW) von Zeitwerten und Personalzahlen wird für das Gesamtsystem, die Knoten (Schlüsselbereiche), die Teileflüsse und die Produkte vorgenommen. Die Ausgabe der Ergebnisse erfolgt in übersichtlichen, beschrifteten Tabellen. Die Ergebnisse bezüglich der Knoten, Flüsse und Produkte werden nach Größe des Zeitwertes geordnet ausgegeben. Ab dem zweiten Rechenlauf wird eine Maßnahmenbewertung in bezug auf die relative Veränderung der Ergebnisse zum Vorlauf durchgeführt.

Für Simulationen können während des Programmlaufes bei konstantem Modell die Anzahl der Produkte, die Stückzahlen pro Produkt sowie die Verlustprozentsätze pro Knoten variiert werden. Weitere Variationen sind durch Veränderungen der charakteristischen Teileflüsse sowie den Knoten (Schlüsselbereiche) möglich, hierzu ist das Modell in bezug auf die Originaldaten der Eingabe zu verändern.

Die Kosten für die Einführung und Pflege des Programms sind für den Anwendungsbereich einer Produktionsanalyse gering. Bei einer Integration des Programms in bestehende Betriebsdatensysteme ist Aufwand für die Anpassung notwendig. Die Rechenzeiten sind minimal und kostenseitig zu vernachlässigen (Erzeugung eines Ausgangszustandes: 0,5 - 2 sec; Maßnahmenbewertung 0,5 sec.).

Als weitere Ausbaustufe des Programms bietet sich eine Optimierungsstufe an. Hierzu könnte für jeden Knoten in bezug auf die Übergangswahrscheinlichkeiten - z.B. in Abhängigkeit vom Aufwand für Rationalisierungsmaßnahmen - eine Entscheidungsmöglichkeit vorgegeben werden. Mit Hilfe eines Iterationsverfahrens wäre es möglich, das Gesamtsystem zu optimieren. Weiterhin bietet sich an, neben dem Zeitwert als Zielgröße Kostensätze für die Schlüsselbereiche zu definieren. Hiermit wären direkte Bewertungen von Rationalisierungsmaßnahmen in bezug auf Kostenveränderungen durchführbar.

6.2.2 Betriebliche Anwendung des Programmsystems SIMOR

Bei einem Simulationsexperiment sind formal- logische und formalkreative Tätigkeiten durchzuführen. Die formal-logischen Tätigkeiten können durch die EDV unter Anwendung des Programms SIMOR ausgeführt werden, während die kreativen Tätigkeiten weiterhin der Bearbeiter auszuführen hat. Diese Arbeitsteilung wird mit Hilfe des Interaktivbetriebes am Bildschirm wesentlich erleichtert. Der Einsatz des Simulationsprogramms SIMOR und das Zusammenspiel Bearbeiter - Rechner ist in Bild 35 dargestellt.

Für eine rationelle Analysearbeit sind seitens des Bearbeiters vorbereitende Tätigkeiten durchzuführen. Experimente sind in einer konzeptionellen Phase speziell in bezug auf die konkrete Aufgabenstellung zu planen. Hierbei sind die problemangepaßte Modellbildung und Datenbeschaffung Schwerpunkte der Arbeit (s. hierzu Abschn. 6.1.1). Komplexe Systeme sind möglicherweise in Teilsystemen zu analysieren. Die Ausgangsdaten der Modellstruktur und der Fertigungsaufgabe werden aufbereitet und in Matrizenform eingabegerecht dargestellt. Sie werden im Interaktivbetrieb über Bildschirm in den Rechner eingegeben, auf Richtigkeit geprüft und korrigiert. Der erste Rechenlauf dient zur Erzeugung eines Ausgangszustandes, bei den meisten Anwendungen die Abbildung eines betrieblichen Istzustandes. Die Eingabe- und Ergebniswerte des ersten Laufes werden gespeichert und stehen während des gesamten Experimentes als Originaldaten zur Verfügung.

Entsprechend den Angaben im Abschnitt 6.1.1.3 werden auf der Grundlage der Ergebniswerte des Ausgangszustandes alternative Rationalisierungsmaßnahmen ermittelt. Die Auswirkungen dieser alternativen Rationalisierungsmaßnahmen bzw. -kombinationen werden durch Variation der Modellparameter in Folgerechnungen analysiert. In der derzeitigen Ausbaustufe von SIMOR wird die Variation der Modellparameter manuell vom Benutzer über den Bildschirm vorgenommen. Die Ergebnisse der Rechenläufe (s. auch Abschn. 6.2.1) stehen während der Bearbeitung über Bildschirm in

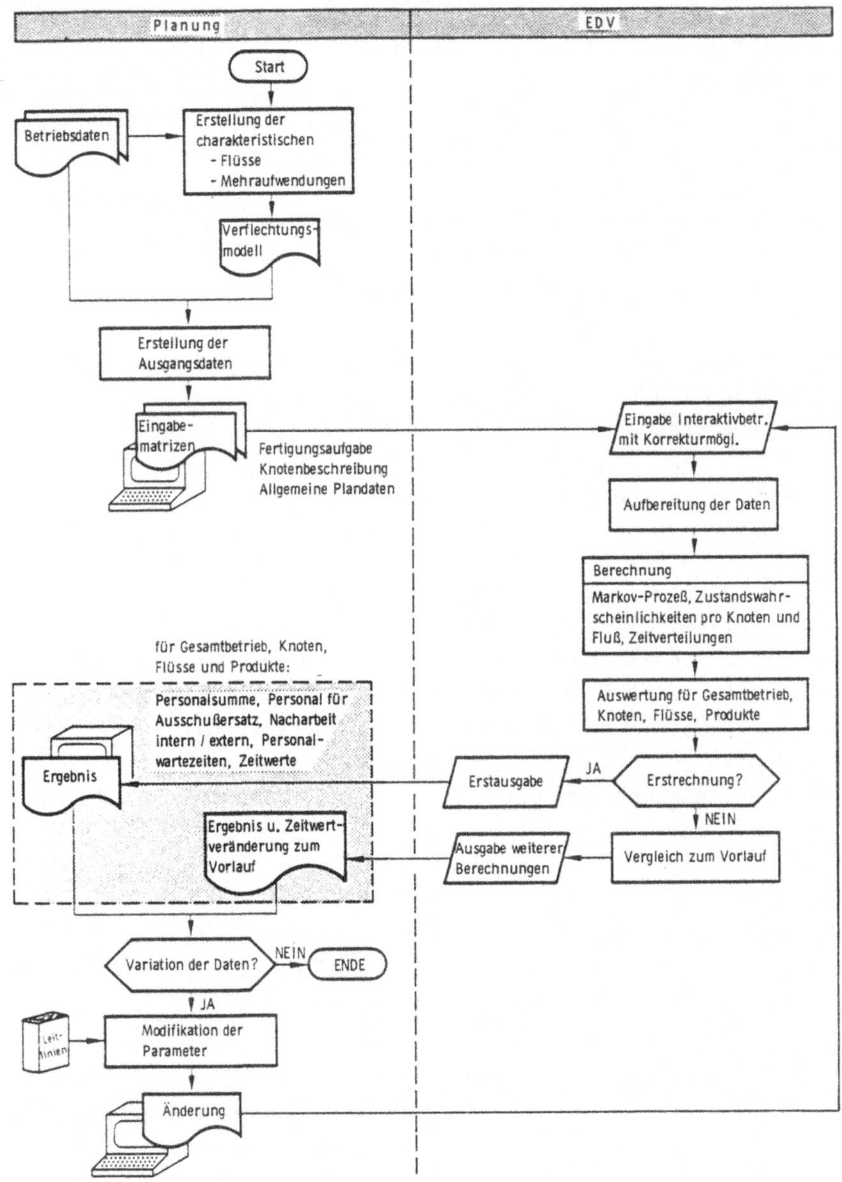

Bild 35: Funktionsteilung Bearbeiter und EDV beim Einsatz des Programmsystems SIMOR

Form von Tabellen zur Verfügung und werden zur Nachvollziehbarkeit des Analyse- und Bewertungsprozesses über Drucker dokumentiert.

Aufwendungen zur Realisierung der untersuchten Maßnahmen sind getrennt von der Simulation zu ermitteln. Für Grobanalysen werden im Rahmen einer Kosten-Effektivitätsanalyse die Aufwendungen den Zeitwertveränderungen gegenübergestellt. Für detailliertere Analysen (Beurteilung von Alternativen der engeren Wahl) können die Zeitwertveränderungen in bezug auf die Kostenwirksamkeit quantifiziert werden, z.B. über eine Beurteilung von Veränderungen der Personalkapazitäten, Maschinenkapazitäten und Umlaufbestände. Hierdurch werden Wirtschaftlichkeitsrechnungen möglich.

6.2.3 Validierung des Simulationsmodelles

Ergebnisse von Simulationsstudien können nur dann verallgemeinert und auch auf reale Systeme übertragen werden, wenn sie durch Experimente am validierten Modell gewonnen werden. Die "Validierung" eines Modells besteht in der Überprüfung der "Gültigkeit" des Modells. Modelle müssen geprüft werden auf "formale" Richtigkeit, auf "empirische" Richtigkeit (Ähnlichkeit mit realem System) und auf "pragmatische Richtigkeit" (hinsichtlich der formulierten Ziele und Zwecke).

Die vorgeschlagene Modellbildung basiert auf den in den Kapiteln 4 und 5 beschriebenen Erkenntnissen über den Zeitwert. In bezug auf die für eine Zeitwertanalyse formulierten Ziele kann die pragmatische Richtigkeit als gegeben angenommen werden.

Die formale Richtigkeit wurde durch intensives Testen des Programms in der Implementierungsphase sichergestellt. In der Testphase wurden einerseits reale Fertigungsstrukturen abgebildet, andererseits theoretische Extremwertetests durchgeführt.

Zur Prüfung der empirischen Richtigkeit ist zu untersuchen, inwieweit das Modell für die Problemstellung wesentliche Eigenschaften des realen Systems mit genügender Genauigkeit abbildet. Dies geschieht durch einen Vergleich von Werten der Realität mit Ergebnissen von Simulationsläufen. Im vorliegenden Fall wurden an mehreren Beispielen bekannte Vergangenheitswerte von realen Systemen und Teilsystemen mit nachträglich berechneten Ergebnissen der vorgestellten Modellbildung verglichen. Die Vergangenheitswerte konnten den Untersuchungen der dem Kapitel 5.3 zugrunde liegenden Stichprobe entnommen werden. Die auftretenden Abweichungen lagen für Gesamtsysteme unter 3 %, für Teilsysteme unter 8 %. Daraus ist zu erkennen, daß der Modellansatz für komplexe Systeme (Gesamtbetriebe) gute Ergebnisse ermöglicht, für Teilsysteme allerdings dynamische Effekte (hier vernachlässigt) verstärkt Einfluß haben. Die Abweichungen liegen jedoch für die Aufgabenstellung einer Produktionsanalyse in zulässigen Bereichen, so daß - bei umsichtiger Modellbildung bezogen auf den Einzelfall - von einer empirischen Richtigkeit des Modellansatzes ausgegangen werden kann.

6.3 Ausgewählte Modelluntersuchungen

In dem vorliegenden Abschnitt soll untersucht werden, welche Zusammenhänge qualitativer und quantitativer Art sich aus der Analyse der Modellparameter in bezug auf die Minimierung von Zeitverlusten ableiten lassen. Erkenntnisse über diese Zusammenhänge können durch zwei Ansätze gewonnen werden: zum einen durch eine Betrachtung des mathematischen Modells, zum anderen durch Experimente am Modell (Simulation). Im folgenden werden die Ergebnisse ausgewählter Untersuchungen vorgestellt, die sich schwerpunktartig auf die Verflechtungseffekte zwischen den Knoten (Schlüsselbereichen) beziehen und aus denen sich zur Durchführung der Planungsfunktion im Analyseprozeß Gestaltungsleitlinien ableiten lassen.

Die Analyse der Modellparameter wird mit Hilfe einer rekursiven Formel vorgenommen, ein Lösungsweg, der keiner aufwendigen Simulationsexperimente bedarf.

6.3.1 Ableitung einer rekursiven Formel

Verflechtungseffekte - die entsprechend der o.g. Aufgabenstellung hier besonders behandelt werden sollen - entstehen im vorliegenden Modellansatz nur durch Mengenflüsse. Aus diesem Grunde wird die multiplikativ auf den Gesamtzeiteinsatz einwirkende Größe der technisch-organisatorischen Störungen durch Wartezeiten zur Vereinfachung hier ausgeklammert. Die im folgenden dargestellten Gleichungen beziehen sich also ausschließlich auf das mengenbezogene Modell. Bild 36 zeigt die Darstellung eines allgemeinen Flusses f_x.

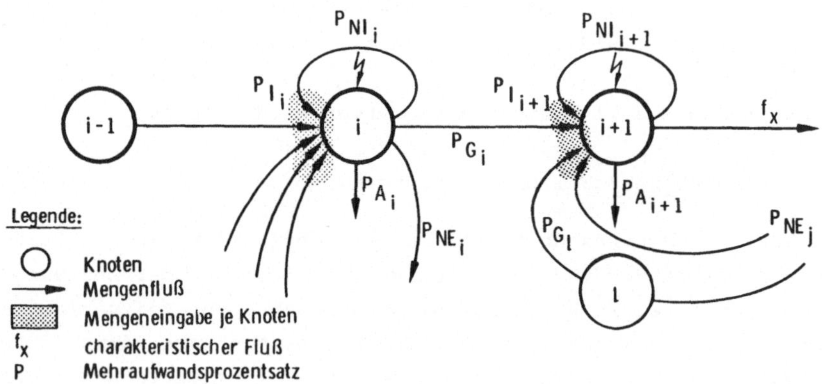

Bild 36: Darstellung eines allgemeinen Flusses

P_{Ii} sei der mengenbezogene Eingabeprozentsatz des Knotens i bezogen auf 100 % Ausgabe des Knotens, der sich aus der Summe der Einzeleingaben zusammensetzt (schraffierte Fläche im Bild 36). Für die Knotenkennzahl KZ_i ergibt sich dann

$$(26) \qquad KZ_i = \frac{P_{Ii}}{100} = \frac{P_{Gi}}{(100 - P_{A_i} - P_{NI_i} - P_{NE_i})}$$

Der Prozentsatz für Gutstücke P_{Gi} berechnet sich aus den Größen des Folgeknotens im Fluß (s. auch Markov-Prozeß, Abschn. 6.1.2.2).

$$(27) \qquad P_{Gi} = (100 \cdot KZ_{i+1}) - (KZ_{i+1} \cdot P_{NI_{i+1}}) - P_{G_l} - (KZ_j \cdot P_{NEj})$$

Hierbei sind $KZ_j \cdot P_{NEj}$ und P_{Gl} Rückflüsse von externen Nacharbeitsknoten in den Knoten (i+1). KZ_i läßt sich aus (26) und (27) berechnen nach

$$(28) \qquad KZ_i = \frac{KZ_{i+1}\,(100 - P_{NI_{i+1}}) - (KZ_j \cdot P_{NEj}) - P_{Gl}}{(100 - PA_i - P_{NI_i} - P_{NE_i})}$$

Zur Vereinfachung der folgenden mathematischen Ausdrücke wird die Kapazitätsbedarfszahl KBZ definiert, die proportional dem mengenbezogenen Zeiteinsatz ist. Aus (17) und (19) folgt pro Knoten:

$$(29) \qquad ZE_{iMenge} = n_i \cdot KZ_i \cdot te_i \qquad \text{(min)}$$

$$(30) \qquad KBZ_i = KZ_i \cdot te_i \quad \text{(min/Stck)}$$

Für den in Bild 36 dargestellten allgemeinen Fall läßt sich keine handhabbare allgemeine rekursive Formel darstellen. Zur Vereinfachung wird deshalb eine rekursive Formel für ein Modell ohne externe Nacharbeitsflüsse abgeleitet, wie es im Bild 37 dargestellt ist. Das Problem externer Nacharbeitsflüsse kann dann indirekt behandelt werden.

Für einen allgemeinen Fluß eines Verflechtungsmodelles ohne externe Nacharbeitsflüsse läßt sich dann unter Beachtung von (26), (28) folgende mengenbezogene rekursive Formel zur Berechnung der Kapazitätsbedarfszahl angeben (Anmerkung: die Kapazitätsbedarfszahl eines Flusses ergibt sich aus der Summe der Kapazitätsbedarfszahlen der im Fluß enthaltenen Knoten):

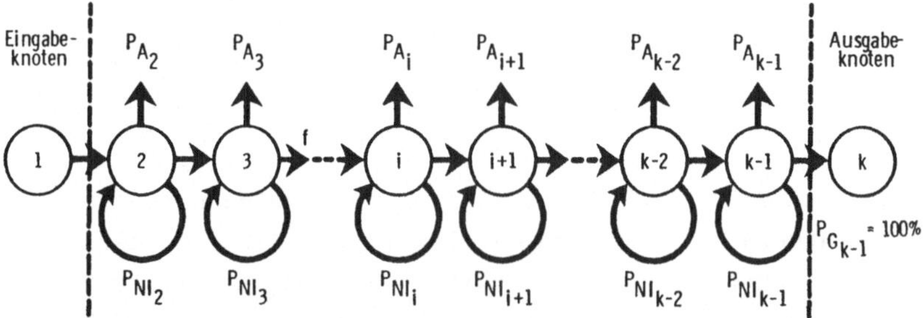

Bild 37: Verflechtungsmodell zur Ableitung einer rekursiven Formel

$$(31) \qquad KBZ = \frac{P_{G_{k-1}}}{(100 - P_{NI_{k-1}} - P_{A_{k-1}})} (te_{k-1} + \frac{(100 - P_{NI_{k-1}})}{(100 - P_{NI_{k-2}} - P_{A_{k-2}}}$$

$$(te_{k-2} + \ldots (te_{i+1} \frac{(100 - P_{NI_{i+1}})}{(100 - P_{NI_i} - P_{A_i})} (te_i + \ldots$$

$$\ldots (te_3 + \frac{(100 - P_{NI_3})}{(100 - P_{NI_2} - P_{A_2})} \cdot te_2) \ldots)) \ldots)) \text{ (min/Stck}$$

Diese rekursive Formel stellt die Grundlage der im folgenden beschriebenen Analyse der Modellparameter dar.

6.3.2 Analyse der Modellparameter

6.3.2.1 Bedeutung der Verlustart Ausschuß und der Knotenzahl pro Fluß

Da in der Praxis kaum Schlüsselbereiche (Knoten) auftreten, bei denen keine Verluste entstehen (ZV = 0), wird die Knotenzahl KZ_i meist größer 1 sein. Daraus resultiert, daß Verluste innerhalb eines charakteristischen Teileflusses mit wachsender Knotenzahl steigen und somit die Knotenzahl pro Teilefluß eine wesentliche Einflußgröße zur Gestaltung zeitwertoptimaler Fertigungsbereiche darstellt.

Aus der Gleichung (31) läßt sich erkennen (durch den Modellansatz vorgegeben), daß sich Mehraufwendungen infolge Ausschußanfalles (P_{Ai}) vom örtlichen Auftreten im Fluß zum Flußanfang hin ausbreiten, da ein Ausschußersatz nur durch einen Fertigungsdurchlauf vom Flußanfang möglich ist. Hierdurch kommt dem Ausschuß in bezug auf die gesamtsystembezogene Verlusthöhe eine besondere Bedeutung zu.

Verstärkt wird diese Bedeutung, da sich unter Verwendung der Gleichung (31) nachweisen läßt, daß sich Verluste aufgrund interner und externer Nacharbeiten außer ihrem örtlichen Anfall im Fluß nur über das Vorhandensein von Ausschuß auf das Gesamtmodell (in Richtung Flußanfang) auswirken. Für den Knoten i+1 gilt für die Kennzahl KZ_{i+1}

(32) $$KZ_{i+1} = \frac{P_{G_{k-1}} (100 - P_{NI_{k-1}}) (100 - P_{NI_{k-2}}) \ldots}{(100 - P_{NI_{k-1}} - P_{A_{k-1}}) (100 - P_{NI_{k-2}} - P_{A_{k-2}}) \ldots}$$

$$\frac{\ldots (100-P_{NI_i}) (100 - P_{NI_{i-1}}) \ldots (100 - P_{NI_{j+1}})}{\ldots (100-P_{NI_i}-P_{A_i})(100-P_{NI_{i-1}}-P_{A_{i-1}}) \ldots (100-P_{NI_j}-P_{A_j})}$$

Anhand der Gleichung (32) läßt sich erkennen, daß in allen Knoten vor dem Knoten i bei einem Ausschußprozentsatz von $P_{A_i} = 0$ die interne Nacharbeit P_{NI_j} nicht mehr eingeht (Zähler und Nenner kürzen sich heraus). Falls im Knoten i Ausschuß mit P_{A_i} anfällt, breitet sich der Verlust des Knotens i über den Ausdruck $(100-P_{NI_i})$: $(100-P_{NI_i} - P_{A_i})$ im Fluß zum Flußanfang aus. Auf gleiche Weise läßt sich für die externe Nacharbeit eines Knotens (innerhalb und außerhalb eines Flusses) die Abhängigkeit der Ausbreitung im Verflechtungsmodell nachweisen. (Aufgrund der Komplexität der mathematischen Ausdrücke wird auf eine Darstellung des Nachweises an dieser Stelle verzichtet).

Aus den vorangehenden Ausführungen ist ersichtlich, daß die Anzahl der Knoten pro Teilefluß und die Verlustart Ausschuß wesentlichen Einfluß auf die Gesamtverluste eines Fertigungsbereiches aufweisen. Aus diesem Grunde wurde eine Berechnung der Zeitwerte und der charakteristischen Verlustarten für ein idealisiertes Modell in Abhängigkeit von der Knotenzahl pro Fluß durchgeführt. Eine konstante Fertigungsaufgabe wird auf eine unterschiedliche Anzahl Knoten pro Fluß gleichmäßig verteilt (Variation von te je Knoten, Stückzahl pro Fluß gleich konstant), wobei für alle Knoten ein konstanter Verlustprozentsatz von 5 % je Verlustart angenommen wurde. Der Modellansatz sowie die Ergebnisse sind im Bild 38 dargestellt.

Aus Bild 38 ist ersichtlich, daß der Zeitwert über der Knotenzahl stark abfällt. Die Analyse der Mehraufwendungen pro Fluß für die Einzelverlustarten läßt erkennen, daß die Kurven für Warte-

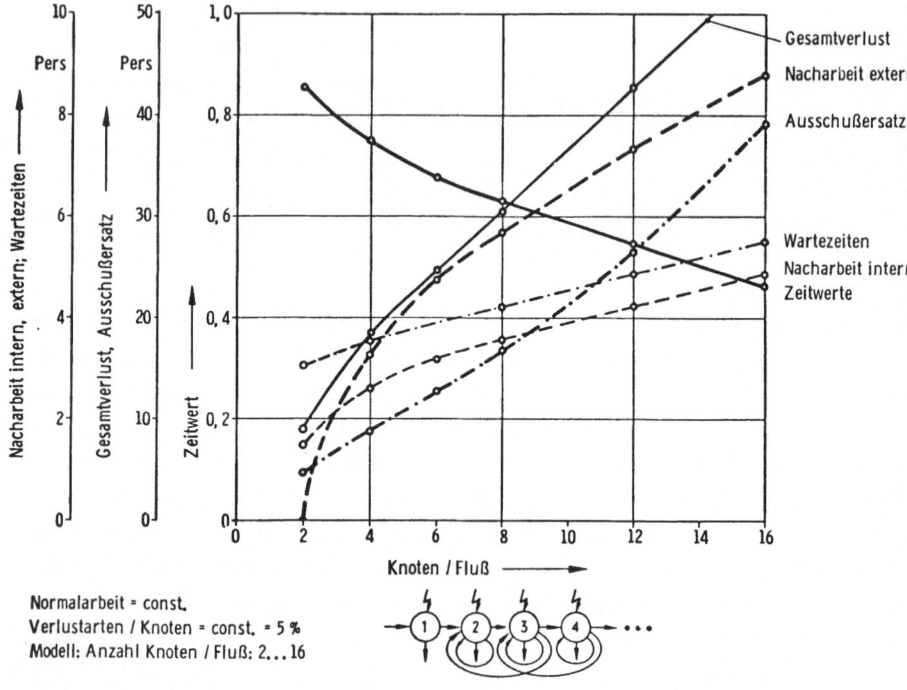

Bild 38: Berechnung der Zeitwerte und Verlustarten für ein idealisiertes Modell in Abhängigkeit von der Knotenzahl pro Fluß

zeiten, interne und externe Nacharbeit degressiv steigend verlaufen. Der Mehraufwand für Ausschußersatz steigt progressiv und liegt in der absoluten Verlusthöhe wesentlich höher als die anderen Verlustarten. Durch diese Betrachtung wird nochmals die besondere Bedeutung der Verlustart Ausschuß bzw. Ausschußersatz deutlich. Berücksichtigt man neben den Fertigungskosten auch die entsprechend steigenden Materialkosten, so wird der negative Einfluß auf den Fertigungsaufwand noch stärker.

6.3.2.2 Bedeutung des örtlichen Auftretens von Verlusten

Anhand eines vereinfachten Beispiels läßt sich die Form einer Potenzfunktion der Gleichung (31) veranschaulichen. Für den Sonderfall eines Flusses, in dem alle Ausschußprozentsätze P, alle Nacharbeitsprozentsätze sowie die Vorgabezeiten je Knoten gleich sind, gilt:

$$(33) \quad KBZ_f = \frac{100}{(100-P_{NI}-P_A)} + \frac{(100-P_{NI})}{(100-P_{NI}-P_A)^2} + \frac{(100-P_{NI})^2}{(100-P_{NI}-P_A)^3} \ldots (\text{min/Stc}$$

Da im allgemeinen der Nenner der Glieder kleiner als der Zähler ist, liegt eine steigende Potenzfunktion vor. Die Ausdrücke $(100-P_{NI_{i+1}})^k/(100-P_{NI_i}-P_{A_i})^{k+1}$ sind im praktischen Anwendungsfall relativ wenig größer 1, deshalb stellt die Gleichung (31) eine Potenzfunktion mit geringem überproportionalem Zuwachs dar.

Aus der Gleichung (31) ist ersichtlich, daß der Verlustanteil eines Knotens k-1 in allen Knotenkennzahlen für die Knoten eines Flusses auftritt. Daran ist zu erkennen, daß ein Einzelverlust im Verflechtungsmodell sich stärker auswirkt, je weiter dieser Einzelverlust am Flußende auftritt. Im Bild 39 sind Kapazitätsbedarfszahlen in Abhängigkeit von der Knotenzahl für verschiedene idealisierte Verteilungen der Knotenkennzahlen im Fluß dargestellt.

Für konstante Knotenkennzahlen im Fluß wird das progressive Ansteigen der Kapazitätsbedarfszahl deutlich. Weiterhin ist ersichtlich, daß insbesondere für Flüsse mit vielen Knoten der Fluß derart gestaltet werden sollte, daß Operationen mit hohen Verlustquoten am Flußanfang (große Knotenkennzahlen) durchgeführt werden, damit der Gesamtverlust minimiert wird. Große Verlustquoten in den Knoten am Flußende (hohe Knotenkennzahlen) führen zu einem progressiven Ansteigen des Gesamtverlustes.

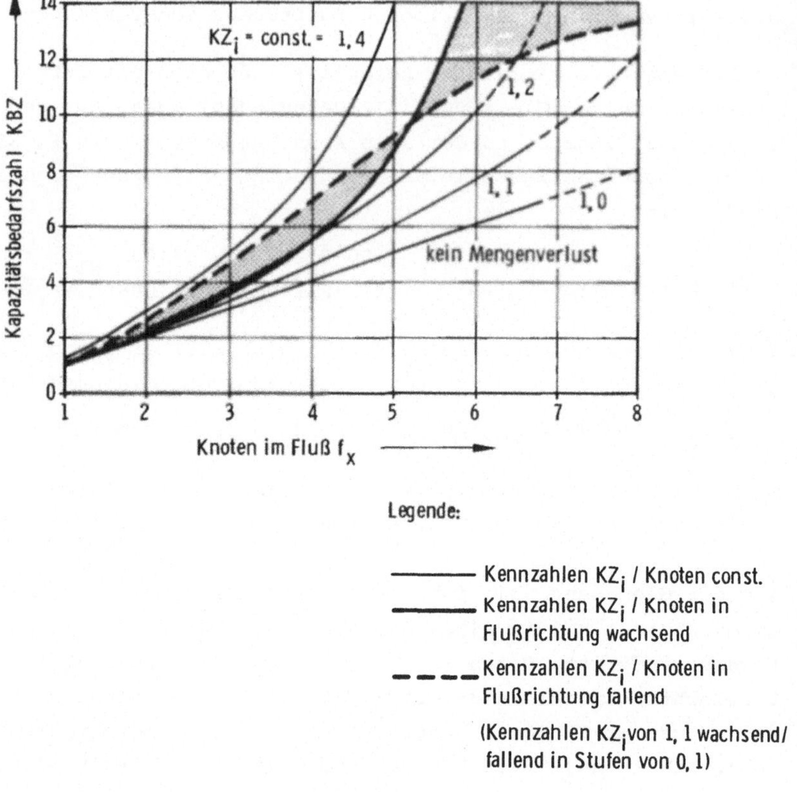

Bild 39: Die Kapazitätsbedarfszahlen (KBZ) in Abhängigkeit der Knotenanzahl für unterschiedliche idealisierte Kennzahlenverteilungen im Fluß

6.3.3 Gestaltungsleitlinien zur Reduzierung von Verlustzeiten

Auf der Basis der in Abschnitt 6.3.1 durchgeführten Analyse des mathematischen Modells und den empirischen Ergebnissen des Kapitels 5 lassen sich Leitlinien für die Gestaltung von Fertigungssystemen ableiten. Mit Hilfe dieser Leitlinien ist es möglich, bei der mittel- bis langfristigen Planung von Fertigungssystemen durch strukturelle Maßnahmen die zu erwartenden Verlustzeiten beim Betrieb dieser Systeme zu minimieren. Diese Leitlinien werden im folgenden zusammenfassend dargestellt.

- o Ganzheitliche Betrachtungen von Teileflüssen führen zu größeren Rationalisierungseffekten als eine Einzeloptimierung von Knoten.
- o Geringe Verluste ergeben sich bei der Gestaltung vieler kurzer Flüsse (wenig Knoten pro Fluß) anstatt weniger langer Flüsse (viele Knoten pro Fluß).
- o Alle in den Flüssen örtlich auftretenden Mengenverluste breiten sich über den Ausschuß in Richtung Flußanfang aus. Deshalb ist den Ausschußprozentsätzen besondere Bedeutung beizumessen.

  Für die Ausschußverluste sollte eine intensive Störgrößenverfolgung durchgeführt werden. Weiterhin ist durch definierte Nacharbeitsabläufe bei der Durchführung von Nacharbeiten "Folgeausschuß" zu vermeiden.
- o Knoten mit kleinen Vorgabezeiten und kleinen Verlustprozentsätzen sind am Ende des Flusses anzuordnen (soweit technologisch möglich), Knoten mit kleinen Vorgabezeiten und großen Verlustprozentsätzen an den Flußanfang.
- o In bezug auf die Höhe der eingesetzten Kapazitäten ist darauf zu achten, daß große Knoten kleine Verlustprozentsätze für technisch-organisatorische Störungen aufweisen. Hierzu ist es sinnvoll, in kleinen Knoten Überkapazitäten bewußt zu schaffen (Überdimensionierung), damit in großen Knoten Wartezeiten minimiert werden.
- o Bei der Gestaltung der Fertigungsaufgabe eines Flusses sind die in Kapitel 5 aufgezeigten tendenziellen Einflüsse der wesentlichen zeitwertrelevanten Einflußgrößen zu berücksichtigen.
- o Externe Nacharbeiten sind durch die technologische Ausstattung der Knoten weitgehend zu vermeiden, da die Auswirkungen in anderen Bereichen als den verursachenden auftreten und in den meisten Betriebsdatenauswertungen in bezug auf eine Ursachenverfolgung intransparent bleiben.

Die Effizienz von Einzelmaßnahmen in bezug auf die hier dargestellten Leitlinien läßt sich durch die hohen Abhängigkeiten der zeitwertbezogenen Einflußgrößen untereinander (s. Korrelationsmatrix im Kapitel 5) wesentlich verstärken. Allerdings sind diese Effekte im Planungsstadium schwierig zu quantifizieren.

Verluste durch mengenbezogene Mehraufwendungen wirken sich über das mengenbezogene Verflechtungsmodell zum Flußanfang aus, Wartezeiten durch technisch-organisatorische Störungen zum Flußende (z.B. durch fehlendes Material). Die Verflechtung der Fertigungsbereiche aufgrund der technisch-organisatorischen Störungen in bezug auf Wartezeiten kann im vorliegenden Modellansatz nur indirekt über den Einsatz entsprechender Knotenprozentsätze berücksichtigt werden. Die Minimierung dieser Wartezeiten läßt sich u.a. durch die Einrichtung von Überkapazitäten und Universalbetriebsmitteln am Flußanfang positiv beeinflussen.

Zur Reduzierung des Analyseaufwandes sollte bei der Simulation von Rationalisierungsmaßnahmen die Berücksichtigung der Gestaltungsleitlinien nach den im Bild 40 angegebenen Prioritäten vorgenommen werden. Die Prioritäten wurden nach dem Grad der Beeinflussung des Gesamtsystems in bezug auf eine Verlustzeitminimierung vergeben

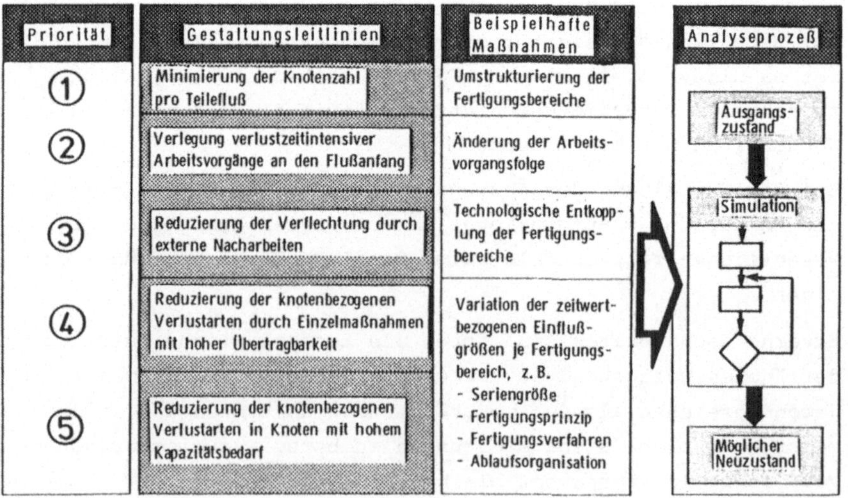

Bild 40: Berücksichtigung der Gestaltungsleitlinien nach Prioritäten

Die o.a. Gestaltungsleitlinien unterstützen die Aussagen von Warnecke, Saak /85/ in bezug auf die Vorteile der Einrichtung von Fertigungszellen in der Teilefertigung sowie die Leitlinien zur Planung von Montagesystemen unter dem Ansatz der "Arbeitsstrukturierung" von Warnecke, Dittmayer /86/. Das Zeitwertmodell ermöglicht in bezug auf Verlustzeiten eine Quantifizierung der dort beschriebenen Leitlinien.

6.4 Fallbeispiel

Im folgenden wird anhand eines Fallbeispieles der vorgeschlagene Simulationsansatz unter Anwendung des Programmsystems SIMOR verdeutlicht. Als Fallbeispiel wird die Teilefertigung des feinwerktechnischen Unternehmens gewählt, für das bereits im Kapitel 4 dieser Arbeit der Einsatz des Zeitwertes im Rahmen der Kontrollfunktion des Analyseprozesses beschrieben wurde. Zur Darstellung der prinzipiellen Vorgehensweise erscheint es an dieser Stelle ausreichend, die Modellbildung und Analyse eines Ausgangszustandes sowie die Bewertung einer Maßnahmenkombination vorzunehmen.

6.4.1 Modellbildung des Ausgangszustandes

Die Fertigungsaufgabe besteht aus der Produktion der Teile für drei verschiedene Produktgruppen in unterschiedlichen Stückzahlen pro Monat. Mit Hilfe eines Analyseteams wurden charakteristische Schlüsselbereiche der Teilefertigung (Knoten) abgegrenzt und den Fertigungsstufen zugeordnet (s. Bild 41). Dieses Fertigungsstufenbild orientiert sich am Istzustand der Fertigungsstruktur, stellt jedoch eine Vereinfachung des Realsystems dar.

Auf der Grundlage von Betriebsdatenauswertungen und der Analyse betriebsspezifischer, störungsrelevanter Einflußgrößen konnten mit Hilfe eines morphologischen Kastens acht charakteristische Teileflüsse definiert werden, die im qualitativen Fertigungsstufenbild eingetragen sind.

Hierzu wurde zunächst unter Berücksichtigung der Anfangswerkstätten Stanzerei, Dreherei und Kunststoffspritzerei die Fertigungsaufgabe produktunabhängig in zu fertigende Stanzteile, Drehteile und Kunststoffteile klassifiziert. Die charakteristischen Teileflüsse wurden dann anhand der Einflußgrößen Geometrie der Teile, Toleranzanforderungen, Anzahl Teilverrichtungen (Operationen), Anzahl Werkstattwechsel und Seriengröße festgelegt. Diese Einflußgrößen entsprechen auch weitgehend den in Kapitel 5 beschriebenen, den Zeitwert bestimmenden Einflußgrößen.

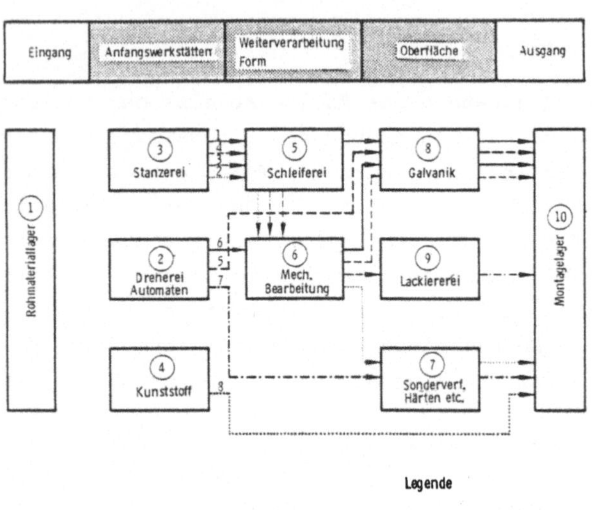

Bild 41: Qualitatives Fertigungsstufenbild der Teilefertigung eines feinwerktechnischen Unternehmens

Die zu produzierenden Einzelteile je Monat wurden je Produktgruppe (unter Berücksichtigung von Mehrfachverwendungen der Teile) den acht charakteristischen Teileflüssen zugeordnet, s. Bild 42. Mit Hilfe dieser Daten läßt sich das quantitative Fertigungsstufenbild ermitteln, auf dessen Darstellung an dieser Stelle verzichtet wird.

Anhand von Vergangenheitswerten der Betriebsdatenerfassung sowie Schätzungen des Werkstattführungspersonals wurden die charakteristischen Verlustarten qualitativ pro Knoten (Schlüsselbereich) festgelegt und quantifiziert. Im Bild 43 sind die Verlustarten pro Knoten eingetragen. Hierzu ist anzumerken, daß Ausschuß sowie War-

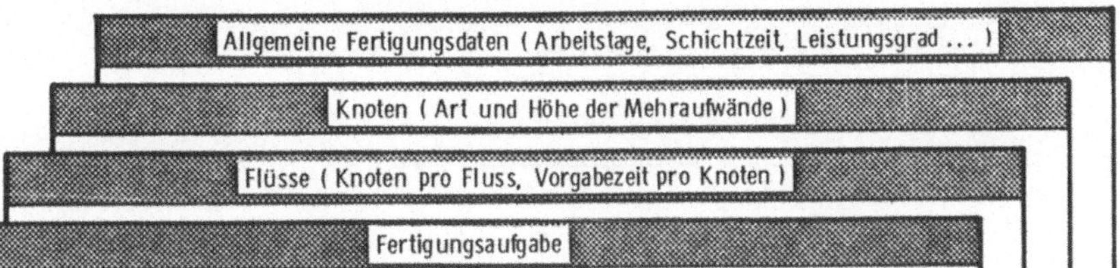

Allgemeine Fertigungsdaten (Arbeitstage, Schichtzeit, Leistungsgrad ...)

Knoten (Art und Höhe der Mehraufwände)

Flüsse (Knoten pro Fluss, Vorgabezeit pro Knoten)

Fertigungsaufgabe

Produkt-gruppe	Stückzahl / Monat	Eigenfertigunnsteile		Zuordnung Flüsse (prozentual) Fluss Nr.:							
		Stück	Mehrfach-verwendung	1	2	3	4	5	6	7	8
1	10000	180	1	20	5	10	10	25	10	5	15
2	30000	65	1	25	3	7	10	20	10	2	20
		15	2	50	-	-	-	38	-	2	10
3	2000	270	1	8	2	15	20	25	15	5	10
		50	2	35	5	-	-	50	-	10	-
		30	4	35	5	-	-	50	-	10	-
				Stanzteile				Drehteile			Kunststoffteile

Bild 42: Modellbeschreibung mit Hilfe von Matrizen

tezeiten in allen Knoten auftreten, interne und externe Nacharbeiten nur in Bereichen, in denen seitens der Technologie Nacharbeiten möglich sind. In den Anfangswerkstätten werden kaum Nacharbeiten durchgeführt. Die Schleiferei stellt ein Nacharbeitszentrum für anfallende Nacharbeiten der mechanischen Bearbeitung und der Galvanik dar. (Die quantifizierten Werte der Verlustarten je Knoten sind für den Ausgangszustand im Bild 45 aufgeführt).

Mit Hilfe einer Analyse der Vorgabezeiten wurde unter Berücksichtigung der Zahl der Arbeitsvorgänge je Teileklasse sowie der schwerpunktmäßig eingesetzten Technologie eine durchschnittliche Vorgabezeit je 1000 Teile für jeden Knoten festgelegt. Hierbei waren Besonderheiten der Knoten wie z.B. Mehrmaschinenarbeit oder die Fertigung in technischen Zentren (z.B. Härterei, weitgehend personalunabhängige Zeiten) zu berücksichtigen.

Die Daten der Modellbildung werden vom Bearbeiter in Matrizenform eingabegerecht aufbereitet (s. hierzu auch Bild 42) und über Bildschirm dem Rechner eingegeben.

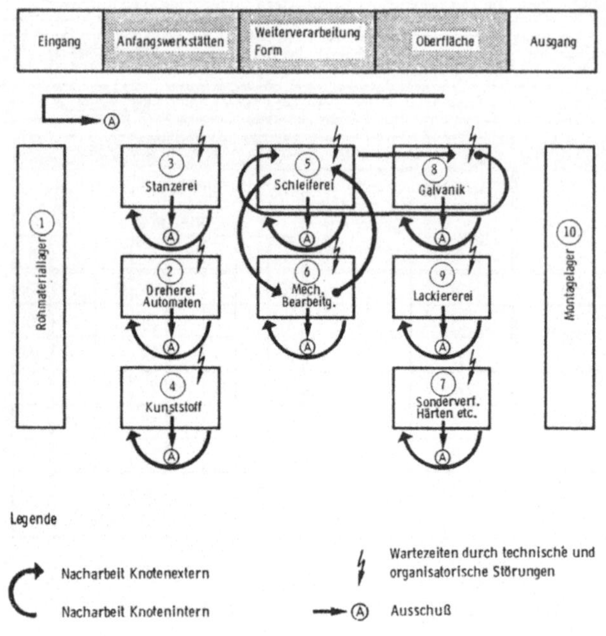

Bild 43: Verlustarten je Knoten, Fallbeispiel für ein feinwerktechnisches Unternehmen

6.4.2 Analyse des Ausgangszustandes

Die Berechnungsergebnisse geben - neben den Zeitwertdaten - den Personalbedarf pro Knoten, pro Fluß, pro Produkt und für das Gesamtsystem an. Der berechnete Zeitwert auf der Basis der beschriebenen Modellbildung beträgt 0,63 und deckt sich mit dem für das Gesamtsystem Teilefertigung gemessenen Zeitwert von 0,61. Dies läßt darauf schließen, daß die vorliegende Modellbildung das Realsystem für eine Produktionsanalyse ausreichend gut abbildet. Der Gesamtverlust von 37 % der eingesetzten Personalkapazität stellt ein erhebliches Rationalisierungspotential in bezug auf organisatorische Reibungsverluste dar. Im Bild 44 sind die Personalverteilungen des Ausgangszustandes für die charakteristischen

Teileflüsse dargestellt. Die Teileflüsse 7 und 8 werden aufgrund des geringen Verlustanteiles nicht näher betrachtet.

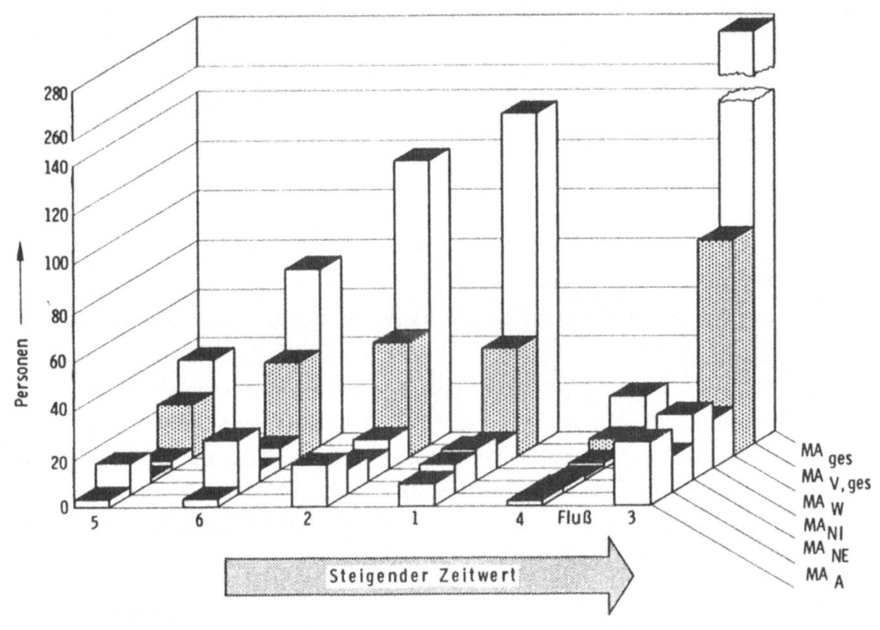

Bild 44: Personalverteilung der charakteristischen Teileflüsse - Fallbeispiel

Aus Bild 44 geht hervor, daß der Teilefluß 5 mit nur 2 Fertigungsknoten im Fluß den relativ höchsten Verlustanteil (geringsten Zeitwert) aufweist, aber die Teileflüsse 3, 2, 1, 6 absolut gesehen größere Rationalisierungspotentiale darstellen. Die relativ hohen Verluste im Teilefluß 5 ergeben sich aus Qualitätsproblemen in der Galvanik. Die Teileflüsse 1, 2, 3 (Stanzteile) und 6 (Drehteile) sind durch geeignete Maßnahmen in den durchlaufenden Knoten zu optimieren, da diese Flüsse in bezug auf die Knotenanzahl pro Fluß noch relativ kurze Teileflüsse darstellen. Eine Reduzierung der Knotenanzahl pro Fluß wäre hierbei eventuell für kritische Teile (in bezug auf die zu erreichende Qualität) durch Einrichtung einer Sonderwerkstatt sinnvoll, nicht aber für den Großteil der Einzelteile.

Für das vorliegende Fallbeispiel sind insbesondere Knoten der kapazitätsintensiven Teileflüsse zu analysieren, um Maßnahmen zur Verbesserung - mit hohem Effekt für das Gesamtsystem - abzuleiten. Im Bild 45 ist die Personalverteilung der Knoten (Schlüsselbereiche) dargestellt.

Aus Bild 45 ist ersichtlich, daß besonders hohe Verluste in den Knoten Schleiferei, mechanische Bearbeitung und Galvanik auftreten. Schwerpunktmäßig sind also hier Verbesserungsmaßnahmen in Erwägung zu ziehen. Besonderheit der Schleiferei ist, daß der größte Verlustanteil aus externer Nacharbeit der verschuldenden Bereiche mechanische Bearbeitung und Galvanik entsteht. Die Lackiererei hat einen relativ hohen Verlustanteil, der aufgrund interner Nacharbeiten (Schleifen der Lackoberfläche und neu lackieren) verursacht wird. Hier ist es interessant, Verfahrensverbesserungen auf der Basis einer Fehleranalyse vorzunehmen.

6.4.3 Ableitung und Bewertung von Maßnahmen

Auf der Basis der oben beschriebenen Analyse des Ausgangszustandes wurden unter Berücksichtigung von den in Abschnitt 6.3 aufgezeigten Gestaltungsleitlinien und in Kapitel 5 diskutierten Einflußgrößen des Zeitwertes Maßnahmen zur Verbesserung durch Variation der Ausgangsdaten analysiert. An dieser Stelle wird zur Darstellung des Simulationsprinzips eine Modifikation der Knotenmerkmale (Verlustprozentsätze) exemplarisch durchgeführt. Bild 46 zeigt eine Zusammenstellung der modifizierten Verlustprozentsätze einzelner Knoten (Beeinflussungsmatrix).

Entsprechend den Gestaltungsleitlinien werden Maßnahmen aufgrund der Verlustfortpflanzung durch anfallenden Ausschuß schwerpunktartig am Ende der Teileflüsse eingeleitet. Unter Berücksichtigung des oben diskutierten Ausgangszustandes sind Veränderungen zielorientiert in den Knoten mechanische Bearbeitung, Galvanik und

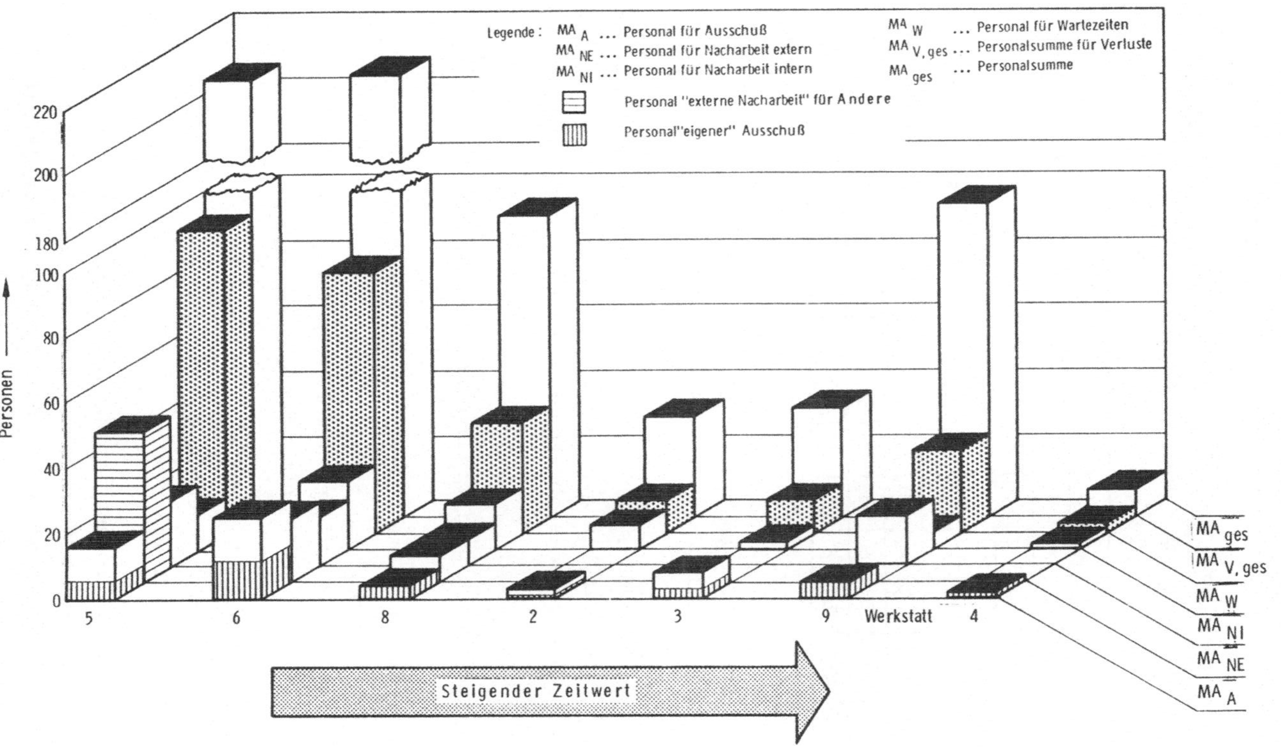

Bild 45: Personalverteilung der Schlüsselbereiche - Fallbeispiel

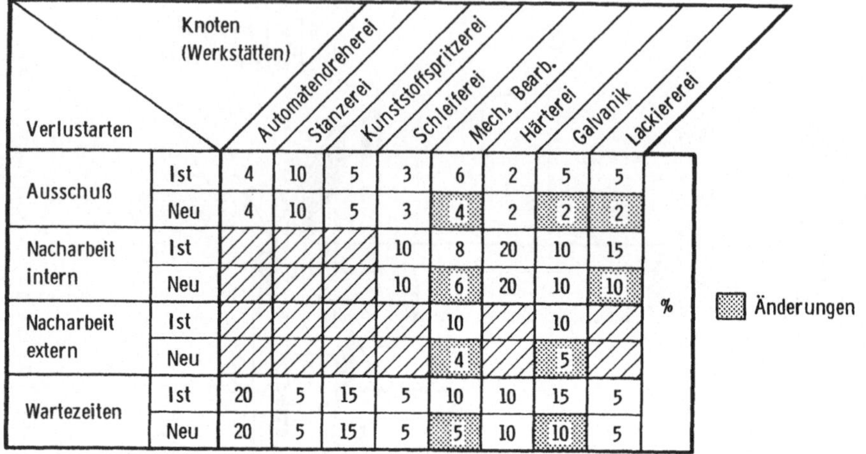

Verlustarten		Automatendreherei	Stanzerei	Kunststoffspritzerei	Schleiferei	Mech. Bearb.	Härterei	Galvanik	Lackiererei	
Ausschuß	Ist	4	10	5	3	6	2	5	5	%
	Neu	4	10	5	3	4	2	2	2	%
Nacharbeit intern	Ist				10	8	20	10	15	%
	Neu				10	6	20	10	10	%
Nacharbeit extern	Ist					10		10		%
	Neu					4		5		%
Wartezeiten	Ist	20	5	15	5	10	10	15	5	%
	Neu	20	5	15	5	5	10	10	5	%

Bild 46: Variation der knotenbezogenen Verlustprozentsätze - Fallbeispiel

Lackiererei vorzunehmen, da hier punktuell eingeleitete Maßnahmen einen hohen Effekt in bezug auf das Gesamtsystem ermöglichen. Diese Maßnahmen sind organisatorischer wie auch technischer Natur, z.B.:

- o Beseitigung von Kapazitätsengpässen der Betriebsmittel durch
  - punktuelle Überdimensionierung der eingesetzten Betriebsmittel
  - verbesserten Ablauf der Werkzeug und Betriebsmittelbereitstellung und -instandhaltung

- o Reduzierung von Nacharbeit und Ausschuß durch
  - verbesserte Vorrichtungen und Werkzeuge
  - geplante Nacharbeitswege

- o systematische Ursachenverfolgung von Verlustquellen durch das Werkstattführungspersonal durch Einführung eines Kennzahlenkatalogs für das Führungspersonals zur Erhöhung der betrieblichen Transparenz (z.B. Kostenkennwerte für Nacharbeitsaufwand, Ausschußersatz, Kosten für außerplanmäßige Sonderaktionen usw.)

- o Verbesserung des Informationsflusses durch
  - Einführung von werkstattbezogenen Terminverfolgern neben den produktbezogenen Disponenten der Fertigungssteuerung für eine optimierte Maschinen- und Betriebsmittelnutzung
  - Veränderung des EDV-gestützten Fertigungssteuerungssystems: kurzfristige Reaktionsmöglichkeiten, angepaßte Betriebsdatenerfassung und -auswertung
- o Einführung einer verbesserten Losgrößenfertigung (über Zwischenlager entkoppelte werkstattbezogene optimale Losgrößen).

In Abhängigkeit dieser Maßnahmen werden Reduzierungen der Verlustprozentsätze der direkt und indirekt betroffenen Knoten prognostiziert (s. Bild 46). Im vorliegenden Fall wurden pessimistisch nur Reduzierungen von 2 bis 5 Prozent je Verlustart angenommen. Im Bild 47 sind die Auswirkungen der untersuchten Maßnahmenkombination in bezug auf eine Zeitwertveränderung für die Knoten und den Gesamtbetrieb dargestellt.

Es ist ersichtlich, daß aufgrund der punktuell vorgenommenen Verbesserungen der Zeitwert des Gesamtbetriebes um 19 % erhöht werden kann. Dies bedeutet in bezug auf das eingesetzte Personal des direkten Bereiches durch Reduzierung der außerplanmäßigen Mehraufwände eine Verringerung dieser Mehraufwände um 44 % und eine Senkung der Personalkapazität des Gesamtsystems um 16 %.

Bild 48 zeigt die Auswirkung der Maßnahmenkombination auf den Zeitwert der charakteristischen Teileflüsse. Die punktuell in den Schlüsselbereichen einzuleitenden Maßnahmen bewirken eine wesentliche Verbesserung der Zeitwerte insbesondere für die kapazitätsintensiven Flüsse 5, 6 und 2 um ca. 30 bis 50 %. Die Zeitwerte der Knoten und Teileflüsse werden in bezug auf die Varianz der Zeitwerte stark angeglichen. Weitere Maßnahmen sollten schwerpunktartig für die Flüsse 5 und 6 erarbeitet und bewertet werden, da diese Flüsse mit Zeitwerten von etwa 0,6 noch erheblich unter den Zeitwerten der anderen Flüsse liegen.

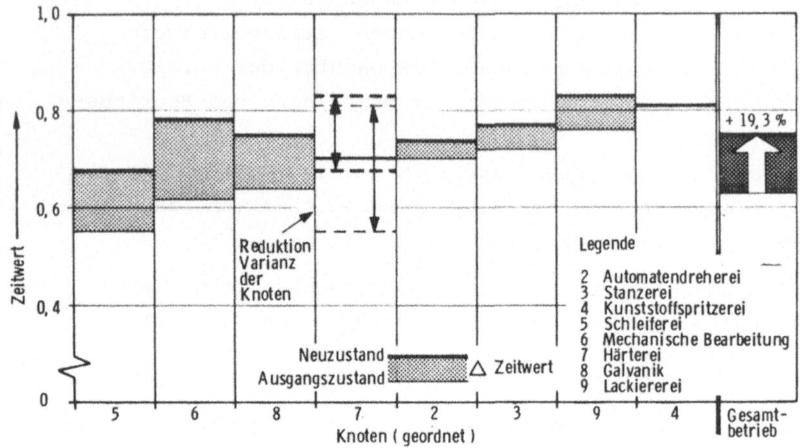

Bild 47: Maßnahmenbewertung - Veränderung der Zeitwerte für Knoten und Gesamtbetrieb

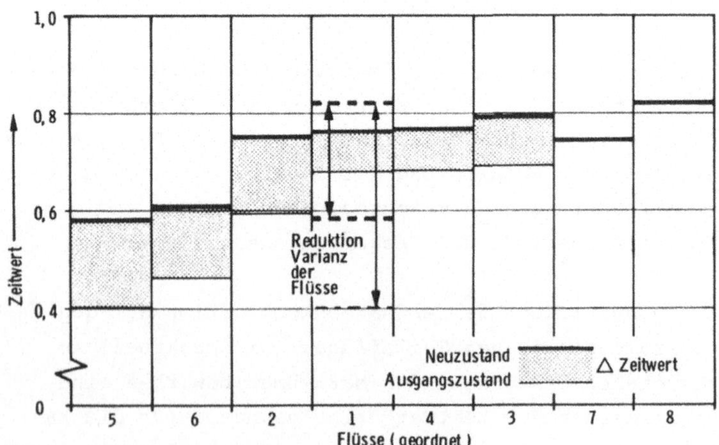

Bild 48: Maßnahmenbewertung - Veränderung der Zeitwerte für die charakteristischen Teileflüsse

7 DISKUSSION DES VERFAHRENS

In den vorangegangenen Kapiteln wurde ein Verfahren zur Produktionsanalyse vorgestellt. Zur Wahrnehmung der Kontroll- und Planungsfunktion der Produktionsanalyse wurde ein gestufter Handlungsablauf vorgeschlagen, der den Rahmen für eine systematische Analysearbeit bildet. Für die einzelnen Stufen des Handlungsablaufs sind Methoden und Hilfsmittel erarbeitet worden, die eine Lösung der Teilaufgaben dieser Arbeitsschritte ermöglichen. Im Bild 49 wird eine schwerpunktartige Zuordnung der Methoden und Hilfsmittel zu den Stufen der Produktionsanalyse vorgenommen.

Auf den Einsatzbereich, die Vorteile und Grenzen des vorgestellten Verfahrens zur Produktionsanalyse im Rahmen der Zielsetzung dieser Arbeit wurde bereits bei der Behandlung von Teilproblemen eingegangen. An dieser Stelle sollen einige übergreifende Aspekte für den betrieblichen Anwendungsfall aufgezeigt werden.

Der Einsatzbereich des Analyseverfahrens liegt in der Durchführung von Produktionsanalysen mit dem Ziel, den Planungsabteilungen und Leitungsorganen der Unternehmen das Erkennen sinnvoller Rationalisierungsmaßnahmen sowie deren Bewertung zu erleichtern. Der Einsatz des Verfahrens stellt eine methodische Verbesserung der Arbeiten im Bereich der Zielplanung ("Planung der Planung") für den Unternehmensbereich Produktion dar und zielt schwerpunktartig auf die Effizienzsteigerung der Organisationsstruktur - dem Zusammenwirken verschiedener Funktionsbereiche - ab. Es ermöglicht je nach Analysezielsetzung im konkreten Anwendungsfall eine flexible Analysetiefe und funktionsübergreifende Untersuchungen.

Durch die vorgeschlagenen Möglichkeiten zur Reduktion der Komplexität wird einerseits das komplexe Problem einer Produktionsanalyse lösbar, andererseits kann wesentlich der Analyseaufwand für Feinanalysen verringert werden. Die Verfahrensunsicherheiten werden durch die Einschränkung auf Analysen des direkten Produktionsbereiches - aufgrund der einfachen Quantifizierungsmöglichkeiten - sehr klein.

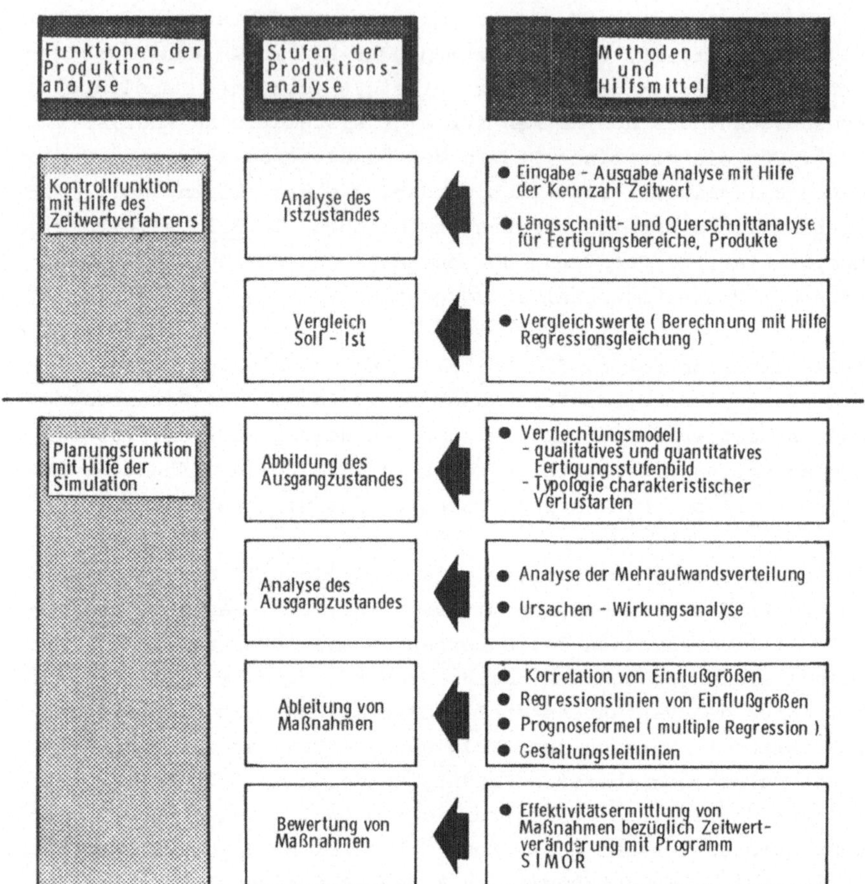

Bild 49: Schwerpunktartige Zuordnung von Methoden und Hilfsmitteln zu den Stufen der Produktionsanalyse

Mit Hilfe des Zeitwertmodelles lassen sich auch Rationalisierungsmaßnahmen im indirekten Produktionsbereich in bezug auf ihre Auswirkungen abschätzen. Weiterhin ergeben sich Hinweise zum Einleiten technischer Maßnahmen mit hohen Investitionen in bezug auf eine punktuelle "Keimzellenbildung" im Fertigungsbereich bei größter Effizienz.

Die Integration einer konzeptionellen Planungsphase im Analyseprozeß erlaubt eine Weiterentwicklung der häufig anzutreffenden betrieblichen Optimierungsplanungen in Richtung einer "adaptiven" Planung (geringere Risiken). Insbesondere für die in der Praxis kaum systematisierte Problematik der "Zielplanung" bietet der Einsatz des aufgezeigten Verfahrens folgende qualitativen Vorteile:

- o Systematische Entwicklung von Zielprojektionen und Vergabe von Prioritäten auf der Grundlage einer verbesserten Entscheidungsfindung
- o Verbesserte Ergebniskontrolle
- o Erhöhte Transparenz von Analyse- und Planungsprozessen.

Der beschriebene Ansatz schließt im Bereich der "Zielplanung" eine methodische Lücke, fördert im Bereich der operativen Planung eine ganzheitliche Betrachtungsweise und verringert die Gefahr von Suboptimierungen.

Quantifizierbare Vorteile durch den Einsatz des Analyseverfahrens lassen sich nicht allgemeingültig angeben. Im konkreten Einzelfall konnten Vorteile bezüglich folgender Kriterien ermittelt werden:

- o Optimaler Einsatz von verfügbaren Planungskapazitäten durch Bearbeitung von Projekten mit hohem Rationalisierungspotential
- o Analyse- und Planungsprozesse konnten durch Einsatz der Methoden und Hilfsmittel im
  - Aufwand gesenkt werden
  - im Ergebnis verbessert werden
- o Der Einsatz des Verfahrens ermöglicht die Ableitung und Bewertung von Rationalisierungsmaßnahmen bezüglich der häufig vernachlässigten organisatorischen Reibungsverluste.

Die Einschränkungen und spezifischen Annahmen des vorliegenden Analyseverfahrens sind im Rahmen der Behandlung der einzelnen Teilprobleme ausführlich beschrieben worden. Fehlermöglichkeiten können durch gezielte Teamarbeit, exakte Datenerfassung und problemangepaßte Modellbildungen weitgehend minimiert werden. Insbesondere die Teamarbeit unter Berücksichtigung der Interessen verschiedener Fachbereiche, wie sie im Bild 50 dargestellt ist, führt erfahrungsgemäß zu guten Analyseergebnissen.

Das Verfahren zielt auf das Rationalisierungspotential von Verlustzeiten und kann deshalb nur Bestandteil umfassender Gesamtanalysen sein. Kurzfristige dynamische Effekte werden zugunsten der Operationalität des Verfahrens nicht berücksichtigt, Schwerpunkt der Analyse ist die Reduzierung struktureller, langfristig eine Produktion beeinflussender Verlustquellen.

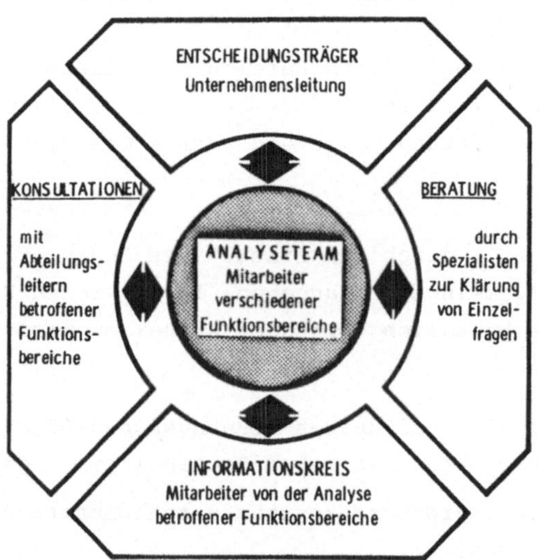

Bild 50: Durchführung der Produktionsanalyse in Teamarbeit

Das erarbeitete Verfahren läßt sich - in weiteren Ausbaustufen - koppeln mit der betrieblichen Personalplanung, kann Grundlage eines Prämiensystems zur Entlohnung sein und läßt sich in seiner Funktion als Kontrollinstrument in ein vorhandenes Betriebsdatenerfassungs- und Managementinformationssystem integrieren. Hierbei ist im Gegensatz zu einem intervallartigen Einsatz im Rahmen einer Zielplanung ein kontinuierlicher Einsatz sinnvoll.

Strukturelle Veränderungen von Absatz- und Arbeitsmärkten, veränderte Forderungen nach Flexibilität in bezug auf Produktionsstückzahlen, Personaleinsatz, Typenvielfalt und Technologie führen zunehmend zu komplexeren Aufgabenstellungen in den Unternehmen, insbesondere bei der fortwährenden Rationalisierung im Unternehmensbereich Produktion. Hier stellen die Aufwendungen für "organisatorische Reibungsverluste" im Zusammenwirken verschiedener Funktionsbereiche ein erhebliches Rationalisierungspotential dar. Unter dem Aspekt "begrenzte Mittel richtig eingesetzt" ist zukünftig verstärkt eine Betonung der Analyse- und Diagnosephase im Planungsprozeß mit dem Ziel einer "Planung der Planung" auf der Basis bereichsübergreifender Ansätze notwendig. In dieser Arbeit wird ein Weg aufgezeigt, wie mit Hilfe eines Verfahrens zur Produktionsanalyse Maßnahmen zur Rationalisierung - insbesondere in bezug auf das Rationalisierungspotential der "organisatorischen Reibungsverluste" - ermittelt und bewertet werden können.

Zur Durchführung von Produktionsanalysen wird ein gestufter Handlungsablauf vorgeschlagen. Den einzelnen Arbeitsstufen zur Realisierung der Kontroll- und Planungsfunktion im Analyseprozess werden geeignete Methoden und Hilfsmittel zugeordnet.

Die Kontrollfunktion des Analyseprozesses wird mit Hilfe einer Eingabe-Ausgabe-Analyse wahrgenommen. Als Meßgröße für das Zusammenwirken von Funktionsbereichen wird eine Produktivitätskennzahl, der Zeitwert, definiert, der die zeitlichen Mehraufwendungen gegenüber Planvorgabe charakterisiert. Die Eignung des Zeitwertes für die Kontrollfunktion des Analyseprozesses wird exemplarisch anhand eines Praxisbeispieles aufgezeigt.

Die Durchführung der Planungsfunktion im Analyseprozess wird mit Hilfe der Simulation vorgenommen. Als Grundlage der Simulation wird ein Weg zur problemangepaßten Modellbildung von Fertigungsbereichen aufgezeigt. Der Modellansatz - ein mengenbezogenes Verflechtungsmodell, basierend auf einer Klassifizierung der Fertigungsaufgabe und der Definition charakteristischer Verlustarten -

wird mit Hilfe empirischer Untersuchungen in verschiedenen Unternehmen abgeleitet und durch mehrfache Anwendung iterativ verbessert. Zur Simulationsdurchführung wird das Programmsystem SIMOR (Simulation des personellen Mehraufwandes bedingt durch organisatorische Reibungsverluste) entwickelt. Die Anwendung des Programmsystems wird an einem Fallbeispiel demonstriert.

Die Kennzahl Zeitwert ermöglicht die Quantifizierung organisatorischer Reibungsverluste. Theoretische und empirische Untersuchungen mit Hilfe der Kennzahl Zeitwert sind die Grundlage eines Erklärungsmodells für betriebliche Wirkmechanismen in bezug auf strukturelle planzeitbezogene Verlustquellen. Der Unternehmenspraxis werden Erfahrungswerte und Gestaltungsleitlinien zur Reduzierung von Verlustzeiten zur Verfügung gestellt.

Forderungen an ein Verfahren zur Produktionsanalyse sind die Sicherstellung einer zielorientierten Vorgehensweise bei minimalem Aufwand, flexible Analysetiefe und eine funktionsbereichsübergreifende Betrachtungsweise. Im Rahmen dieser Arbeit kann nachgewiesen werden, daß der vorgeschlagene Analyseansatz auf der Grundlage des Zeitwertmodells diese Forderungen erfüllt.

SCHRIFTTUMSVERZEICHNIS

/1/ Warnecke, H.J.; Bullinger, H.-J.; Kölle, J.:
Strategien der Produktionsplanung.
Management-Zeitschrift io 47 (1978) Nr. 12, S.546-553.

/2/ Bullinger, H.-J.:
Wie vertragen sich Rationalisierung und Humanisierung am Arbeitsplatz aus technologischer Sicht?
Referatmappe Concepta '78: 1. Deutsche Betriebsleiterforum.
Gräfelfing: Technischer Verlag Resch, 1978.

/3/ Mann, W.E.; Metzger, H.; Schilde, J.:
Die Arbeitsvorbereitung denkt um.
VDI-Nachrichten 30 (1976) Nr. 38, S. 31.

/4/ Gälweiler, A.:
Unternehmensplanung. Grundlagen und Praxis
Frankfurt/M, New York: Herder & Herder, 1974.

/5/ Ropohl, G.:
Flexible Fertigungssysteme.
Mainz: Krausskopf Verlag, 1971.

/6/ Grochla, E.:
Unternehmensorganisation.
Reinbek: Rowolt Verlag, 1972

/7/ REFA:
Methodenlehre des Arbeitsstudiums.
Teil 1: Grundlagen.
München: Carl Hanser Verlag, 1971

/8/ REFA:
Methodenlehre der Planung und Steuerung. Tl 1: Grundlagen. 3. Aufl.
München: Carl Hanser Verlag, 1978.

/9/ Gutenberg, E.:
Grundlagen der Betriebswirtschaftslehre.
Berlin, Heidelberg: Springer Verlag 1979.

/10/ Ellinger, Th.:
Ablaufplanung.
Stuttgart: Poeschel Verlag, 1959

/11/ Gälweiler, A.:
Rationalisierungspotentiale als Faktoren der Kostensenkung.
Rationalisierung 30 (1979), Nr. 7/8, S. 175-179.

/12/ Schwachstellenforschung und Maßnahmen zur Rationalisierung des Betriebes.Hrsg.: Ausschuß für wirtschaftliche Fertigung e.V. (AWF).
Berlin, Köln: Beuth Verlag, 1969.
(AWF Schriftenreihe Arbeitsvorbereitung; 2)

/13/ Planung komplexer Systeme. Handbuch zum Kompaktkurs. Einführung in die Systemtechnik. Hrsg.: VDI-Bildungswerk.
Düsseldorf: VDI, 1978.

/14/ Berthel, J.:
PATTERN - eine Technik zur rationalen Entscheidungsfindung.
Zeitschrift für Organisation 45 (1976) Nr. 2, S.89-96.

/15/ Grochla, E.:
Management. Aufgaben und Instrumente.
Düsseldorf, Wien: Econ Verlag, 1974.

/16/ Lessing, R.; Schwetlick W.:
Unternehmensleitung.
München: Verlag Moderne Industrie, 1976.
(Strategische Unternehmensführung; Bd. 1)

/17/ Buth, W.:
Unternehmensführung. Managementkonzepte und Entscheidungslehre.
Stuttgart: Verlag W. Kohlhammer, 1977.

/18/ Hansen, F.:
Konstruktionswissenschaft - Grundlagen und Methoden.
München, Wien: Carl Hanser Verlag 1974

/19/ Bullinger, H.-J.:
Kapazitätsplanungssystem für den Unternehmensbereich Entwicklung und Konstruktion.
Stuttgart, Univ., Diss., 1974.

/20/ REFA:
Methodenlehre der Planung und Steuerung, Teil 1 - 3.
München: Carl Hanser Verlag 1974/75

/21/ Metzger, H.:
Planung und Bewertung von Arbeitssystemen in der Montage
Mainz: Krauskopf-Verlag 1977.
Zugl. Stuttgart, Univ., Diss. 1977.

/22/ Wallner, J.M.:
Das MTM-System als Rationalisierungs- und Kalkulationsgrundlage.
Bern: Hallwag-Verlag, 1962,
(Blaue TR-Reihe; H. 55)

/23/ REFA:
Methodenlehre des Arbeitsstudiums, Teil 1 - 6.
München Carl Hanser Verlag, 1971/1976

/24/ Brankamp, K. (Hrsg.):
Handbuch der modernen Fertigung und Montage.
München: Verlag Moderne Industrie, 1975.

/25/ Blau, H.:
Leitfaden für organisatorische Verbesserungen und Rationalisierung in Klein- und Mittelbetrieben.
Frankfurt: Rationalisierungskuratorium der Deutschen Wirtschaft (RKW), 1974.

/26/ Bronner, A.:
Systematische Rationalisierung. Betriebsanalyse und Schwachstellenbeseitigung. Seminarunterlagen.
Stuttgart: Württembergischer Ingenieurverein (WIV), 1976.

/27/ Kunze, H.H.:
Systematisch Rationalisieren.
Berlin, Köln: Beuth-Vertrieb 1971.

/28/ Müller-Merbach, H.:
Operations Research.
München: Verlag Vahlen, 1971.

/29/ Methoden der Prioritätsbestimmung III. Methoden zur Prioritätsbestimmung innerhalb der Staatsaufgaben, vor allem im Forschungs- und Entwicklungsbereich. Untersuchung des Zentrums Berlin für Zukunftsforschung.
Bonn: Der Bundesminister für Bildung und Wissenschaft, 1971.
(Schriftenreihe Forschungsplanung; 5)

/30/ Zangemeister, C.:
Nutzwertanalyse in der Systemtechnik. 4. Aufl.
München: Wittemannsche Buchhandlung, 1976.

/31/ Klingenschmitt, V.; Kaufmann, H.-J.:
Methode zum Bestimmen des optimalen Technisierungsgrades eines Betriebes.
Berlin, Köln: Beuth Verlag, 1975.

/32/ Kettner, H. (Hrsg.)
Neue Wege der Bestandsanalyse im Fertigungsbereich.
Fachbericht des AFW der DGfB.
Hannover: Institut für Fabrikanlagen der Universität Hannover, 1976.

/33/ Becker, F.:
Betriebsstätten für morgen:
Anleitung und Arbeitsanweisung für die Planung und Einrichtung.
Wiesbaden, Berlin: Bauverlag GmbH, 1975:

/34/ Groß, G.H.:
Kapazität nutzen - Produktion steigern.
Berlin, Köln: Beuth-Vertrieb, 1966.

/35/ Schott, G.:
Kennzahlen. Instrument der Unternehmensführung.
Stuttgart: Forkel Verlag, 1970.

/36/ Aktive Unternehmensführung in Klein- und Mittelbetrieben. Ein System zur Planung, Steuerung und Kontrolle mit Führungskennzahlen. Hrsg.: Verband der Druckindustrie Nordrhein e.V. u.a.
Düsseldorf: Nordrhein Verlags- und Vertriebsges., 1975.

/37/ Lachnit, L.:
Zeitraumbilanzen, ein Instrument der Rechnungslegung, Unternehmensanalyse und Unternehmenssteuerung.
Berlin: E. Schmidt Verlag, 1972.

/38/ Zentralverband der Elektrotechnischen Industrie e.V. (ZVEI) (Hrsg.):
ZVEI-Kennzahlensystem.
Frankfurt, 1970.

/39/ Verein Deutscher Maschinenbauanstalten e.V. (VDMA) (Hrsg.):
VDMA-Kennzahlenkompass. Informationen für das Management.
Frankfurt/M: Maschinenbau-Verlag, 1976.

/40/ Meyer, C.:
Kennzahlen und Kennzahlensysteme.
Stuttgart: Poeschel Verlag, 1976.
(Sammlung Poeschel; P 82)

/41/ Payne, E.E.; Ross, J.E.:
The Scope of Management Information Systems.
Atlanta, Ga.: American Institute of Industrial Engineers, 1975.

/42/ Hamel, Winfried:
Operative Entscheidungssteuerung durch finanzwirtschaftliches Bewußtsein.
Zeitschrift für Organisation 45 (1976) Nr. 5, S.241-250.

/43/ Zeigler, B.P.:
Theory of Modelling and Simulation.
New York, London, Sydney, Toronto:
Verlag John Wiley & Sons, 1976.

/44/ Forrester, J.W.:
Industrial Dynamics.
Cambridge, Mass.: MIT Press, 1961.

/45/ Stübel, G.:
Methodologische und Software-Engineering orientierte Untersuchungen für ein Unternehmensmodell verschiedener Strukturiertheitsgrade.
Stuttgart, Univ., Diss., 1975.

/46/ Klir, G.J.:
An Approach to General System Theory.
New York: Van Nostrand Reinhold, 1969.

/47/ Ropohl, G. (Hrsg.):
Systemtechnik. Grundlagen und Anwendung.
München: Carl Hanser Verlag, 1973.

/48/ Gabele, E.:
Die Entwicklung komplexer Systeme. Elemente einer Theorie der Gestaltung von Informations- und Entscheidungssystemen in Organisationen.
Mannheim, Univ., Diss., 1972.

/49/ Bendixen, P.; Kemmler, H.W.:
Planung. Organisation und Methodik innovativer Entscheidungsprozesse.
Berlin, New York: de Gruyter, 1972.

/50/ Lotte, F.-P.:
Organisatorische Auswirkungen der Informationstechnologie auf den Aufgabenbereich der Arbeitsvorbereitung.
Berlin, Köln: Beuth-Vertrieb, 1970.

/51/ Hellfors, S.:
Management, Datenverarbeitung, Operations Research.
Die Auswirkungen moderner Datenverarbeitungstechniken auf die betriebliche Leitungstätigkeit. 2. Aufl.
München: Oldenbourg Verlag, 1971

/52/ Johnson, R.A.; Newell, W.T.; Vergin, R.C.:
Operations Management. A Systems Concept.
New York, Atlanta, Geneva u.a.: 1972

/53/ Pfohl, H.C.:
Problemorientierte Entscheidungsfindung in Organisationen.
Berlin, New York: de Gruyter, 1977.

/54/ REFA:
Methodenlehre des Arbeitsstudiums. Tl 3: Kostenrechnung, Arbeitsgestaltung. 6. Aufl.
München: Carl Hanser Verlag, 1978.

/55/ Warnecke, H.-J.; Bullinger, H.-J.; Hichert, R.:
Kostenrechnung für Ingenieure.
München, Wien: Carl Hanser Verlag, 1978.

/56/ Wegner, H.; Heinemeyer, W.:
Einsatz der Simulationstechnik im Produktionsbereich. Eine vergleichende Literaturübersicht.
FB/IE 25 (1976) Nr. 4, S. 225-233.

/57/ Gordon, G.:
Systemsimulation. Verfahren der Datenverarbeitung.
München: Oldenbourg Verlag, 1972.

/58/ REFA:
Methodenlehre des Arbeitsstudium. Tl 2: Datenermittlung. 6. Aufl.
München: Carl Hanser Verlag, 1978.

/59/ Dienstdorf, B.:
Der Kapazitätsbegriff und seine besondere Bedeutung für Betriebe mit Werkstattfertigung.
ZwF 68 (1973) 4, S. 192-199

/60/ Bendeich, E.:
Datenerfassung in der Fertigung.
Industrial Engineering 4 (1974) Nr. 2, S. 83 ff.

/61/ Roschmann, K.u.a.:
Betriebsdatenerfassung in Industrieunternehmen.
München: Verlag Moderne Industrie, 1979.
(AWV-Schrift Nr. 251)

/62/ Bendeich, E.:
Anforderungen der verschiedenen Branchen der Fertigungsindustrie an die Betriebsdatenerfassung.
adl-Nachrichten 19 (1974) Nr. 88, S. 46-50.

/63/ REFA:
Methodenlehre der Planung und Steuerung. Tl 2: Steuerung. 3. Aufl.
München: Carl Hanser Verlag, 1978.

/64/ Dienstdorf, B.:
Produktionsstörungen. Untersuchung über die Bedeutung von Störungen in der Einzel- und Kleinserienfertigung von Maschinebaubetrieben.
Berlin, Köln: Beuth-Vertrieb, 1970.

/65/ Matzenbacher, H.J.:
Konzeption eines als Auslöser geeigneten Kennzahlenmodells zur Überwachung und Steuerung der Organisation.
Frankfurt/M: Haag und Herchen, 1978,

/66/ Zur Einführung in die multivariate Datenanalyse.
München: Infratest GmbH & Co., 1974.

/67/ Kreyszig, E.:
Statistische Methoden und ihre Anwendungen.
Göttingen: Vandenhoeck & Ruprecht, 1975.

/68/ Sachs, L.:
Angewandte Statistik. 5. Aufl.
Berlin, Heidelberg: Springer Verlag, 1978.

/69/ Nie, N.H. u.a.:
Statistical Package for the Social Sciences: SPSS. 2. Aufl.
New York: McGraw-Hill, 1975.

/70/ Zimmermann, G.:
Typenbildung mit Methoden der Clusteranalyse.
Fortschrittliche Betriebsführung und Industrial Engineering 26 (1977) Nr. 6, S. 381-389.

/71/ Späth, H.:
Partitionierende Cluster-Analyse bei Binärdaten.
Zeitschrift für Operations Research 21 (1977) S. B85-B96.

/72/ Vogel, F.:
Probleme und Verfahren der numerischen Klassifikation.
Göttingen: Vandenhoeck & Ruprecht, 1975.

/73/ Wishart, D.:
The treatment of various similarity criteria in relation to Clustan IA.
University of St. Andrews, Scotland:
Computing Laboratory, 1970.

/74/ Hahn, R.; Kunerth, W.; Roschmann, K.:
Die Teileklassifizierung. Systematik und Anwendung im Rahmen der betrieblichen Nummerung.
Heidelberg: Industrie-Verlag Gehlsen, 1970.
(Schriftenreihe Handbuch der Rationalisierung; Bd 21)

/75/ Opitz, H.:
Werkstückbeschreibendes Klassifizierungssystem.Definitionen.
Essen: Verlag W. Girardet, 1966.

/76/ Wiendahl, H.P.; Heuwing, F.W.:
Methode zur Klassifizierung von produktunabhängigen Baugruppen.
Berlin, Köln: Beuth-Vertrieb, 1973.

/77/ Tuffentsammer, K.:
Teileordnungen. Bedeutung und Bewertung im Betrieb.
Maschinenmarkt 74 (1968) Nr. 1, S. 6-14.

/78/ Burbidge, J.L.:
The Introduction of Group Technology.
London: Butler & Tanner, 1975.

/79/ Koch, G.; Mund, K.:
Angewandte Mathematik für den Industrial Engineer.
Fortschrittliche Betriebsführung und Industrial Engineering 27 (1978) Nr. 1, S. 39-48.

/80/ Klook, J.:
Betriebswirtschaftliche Input-Outputmodelle.
Wiesbaden: Betriebswirtschaftlicher Verlag Th. Gabler, 1969.

/81/ Deveaux. D.F.:
Techniques of Production Flow System Analysis.
M.S. Thesis, Texas A & M University, 1970.

/82/ Howard, R.A.:
Dynamic Programming and Markov Process.
5. Aufl.
Cambridge, Mass.: MIT Press, 1969.

/83/ Hillier, F.S.; Liebermann, G.J.:
Operations Research. 2. Aufl.
San Francisco, Calif.: Holden-Day Inc., 1974.

/84/ DIN 66027
Informationsverarbeitung; Programmiersprache FORTRAN.
Berlin: Beuth-Verlag, 1975.

/85/ Warnecke, H.J.; Saak, V.; Häußermann, S.:
Gruppentechnologie und Fertigungszellen.
Werkstattstechnik wt-Z.ind. Fertig. 69 (1979) Nr. 3, S. 164-166.

/86/ Warnecke, H.J.; Dittmayer, S.:
Planungsleitlinien für neue Arbeitsformen in der Montage.
Arbeitsvorbereitung 17 (1980) Nr. 2, S. 35-40.

ANHANG

A 1. Einflußgrößen des Zeitwertes

	Einflußgröße	Art der Skalierung	Maßstab
Fertigungsaufgabe	Typen-, Variantenvielfalt	Rationalskala	absolute Anzahl der wesentlichen Typen,/ Varianten
	Auftragsart	Rationalskala	anteilige Lagerfertigung in % (Basis Planzeiten)
	Auflagetyp, Seriengröße	Rationalskala	durchschnittliche absolute Stückzahl je Produkt pro Monat
	Nachfragetyp	Intervallskala	Relativwert in % (100 % stark schwankend)
	Produktvolumen	Rationalskala	Produktvolumen absolut in cdm
	Häufigkeit von Neuanläufen	Rationalskala	absolute Anzahl pro Jahr
Fertigung	Größe des betroffenen Systems	Rationalskala	absolute Anzahl der technischen Stationen
	Komplexität des Fertigungsdurchlaufs	Intervallskala	Relativwert, Erfüllungsgrad 1 - 10, 10 hohe Komplexität
	Übersicht, Materialbereitstellung	Intervallskala	Relativwert, Erfüllungsgrad 1 - 10, 10 sehr gut
	Mechanisierungsgrad	Rationalskala	Prozentualer Anteil der mechanisierten Operationen (Basis Planzeiten)
	Anteil optimierter Arbeitsplätze	Rationalskala	prozentualer Anteil optimierter technischer Stationen
	Anzahl Operationen	Rationalskala	absolute Anzahl getrennt auszuführender Operationen im betreffenden System
	Anteilige Fertigung im Verrichtungsprinzip	Rationalskala	prozentualer Anteil der Fertigung im Verrichtungsprinzip (Basis Planzeiten)
	Anteilige Fertigung im Linienprinzip	Rationalskala	prozentualer Anteil der Fertigung im Linienprinzip (Basis Planzeiten)
	Anteilige Fertigung in Gruppenstruktur	Rationalskala	prozentualer Anteil der Fertigung in Gruppenstruktur (Basis Planzeiten)
	Anteilige Fertigung an Einzelarbeitsplätzen	Rationalskala	prozentualer Anteil der Fertigung an Einzelarbeitsplätzen (Basis Planzeiten)
	Reservekapazität der Betriebsmittel	Rationalskala	prozentualer Anteil durchschn. Überkapazitäten (Basis benötigte BM-Kapazität)
	Ablauforganisation der Fertigungseinheit	Intervallskala	Relativwert, Erfüllungsgrad 1 - 10, 10 sehr gut
	Technisches Wissen der Mitarbeiter	Intervallskala	Relativwert, Erfüllungsgrad 1 - 10, 10 sehr gut
Organisation	Betriebsgröße (Beschäftigte)	Rationalskala	absolute Anzahl der Beschäftigten des Gesamtbetriebes
	Schichtbetrieb	Rationalskala	absolute Anzahl der Schichten (1 / 2 / 3 / 1,5 / 2,5)
	Fertigungsbegleitende Arbeitsvorbereitung	Intervallskala	Relativwert, Erfüllungsgrad 1 - 10, 10 sehr gut
	Informationsfluß, Rückmeldewesen	Intervallskala	Relativwert, Erfüllungsgrad 1 - 10, 10 sehr gut
	Kontinuität der Unternehmenskonzeption	Intervallskala	Relativwert, Erfüllungsgrad 1 - 3, 3 große Kontinuität
	Führungsstil	Intervallskala	Relativwert, Erfüllungsgrad 1 - 10, 10 kooperativ
	Leistungsanreize	Intervallskala	Relativwert, Erfüllungsgrad 1 - 10, 10 hohe Anreize

Bild 51: Ausgewählte Einflußgrößen des Zeitwertes und deren Skalierung

A 2. Datenbasis der Querschnittsuntersuchung gemessener Zeitwerte

Meß-werte		Klassifizierung der Meßwerte (Binär)									Einflußgrößen																									
		FERTIGUNGS-EINHEITEN					PRODUKT				FERTIGUNGS-AUFGABE						FERTIGUNG													ORGANISATION						
			Teilefertigung		Montage																															
Nummer	Zeitwert	Produktion (gesamt)	gesamt	Teilsystem	gesamt	Teilsystem	Produkt gesamt	Teilefertigung eines Produktes	Montage eines Produktes	Fertigung von Einzelteilen	Typen-, Variantenvielfalt	Auftragsart	Auflagetyp, Seriengröße	Nachfragetyp	Produktvolumen	Häufigkeit von Neuanläufen	Größe des betroffenen Systems	Komplexität des Fertigungsdurchlaufs	Übersicht, Materialbereitstellung	Mechanisierungsgrad	Anteil optimierter Arbeitsplätze	Anzahl Operationen	Anteilige Fertigung im Verrichtungsprinzip	Anteilige Fertigung im Linienprinzip	Anteilige Fertigung in Gruppenstruktur	Anteilige Fertigung an Einzelarbeitsplätzen	Reservekapazität der Betriebsmittel	Ablauforganisation der Fertigungseinheit	Technisches Wissen der Mitarbeiter	Betriebsgröße (Beschäftigte)	Schichtbetrieb	Fertigungsbegleitende Arbeitsvorbereitung	Informationsfluß, Rückmeldewesen	Kontinuität der Unternehmenskonzeption	Führungsstil	Leistungsanreize
	1	2	3	4	5	6	7	8	9	10	11	12	13	14	15	16	17	18	19	20	21	22	23	24	25	26	27	28	29	30	31	32	33	34	35	36
1	0,55	1									150	100	7000	60	1	14	1100	8	3	40	40	10400	65	30	5	65	30	4	3	4000	2	4	5	1	5	6
2	0,59		1								1980	85	10000	30	0,05	14	750	6	4	55	25	7000	100	5	10	85	45	2	2	4000	2,5	2	3	1	4	5
3	0,7				1						150	100	7000	45	1	14	550	5	6	25	60	3400	10	80	5	15	5	7	5	4000	2	6	7	1	6	7
4	0,8								1		2	100	8000	30	0,3	1	60	2	9	25	60	200	10	90	0	10	5	8	4	4000	2	5	8	1	7	7
5	0,65								1		6	100	4000	20	0,5	1	100	4	7	25	50	400	15	65	10	25	5	6	6	4000	2	6	8	1	5	7
6	0,9								1		60	60	8000	50	0,2	10	250	2	10	35	65	80	5	90	0	10	10	8	4	4000	2	8	6	1	5	6
7	0,85								1		20	80	10000	50	5	2	250	3	9	40	70	200	10	75	5	20	20	9	4	4000	2	8	6	1	7	7
8	0,55							1			1700	95	5000	20	0,0005	2	550	6	4	45	20	12000	100	5	10	85	10	2	2	4000	2	3	3	1	5	5
9	0,8							1			80	65	10000	45	0,1	10	50	1	10	60	70	240	100	0	0	100	20	2	2	4000	2,5	2	3	1	5	5
10	0,75							1			300	75	15000	30	0,3	2	150	2	8	55	50	1500	100	5	10	85	20	2	2	4000	2,5	2	3	1	5	5
11	0,48						1				2	100	4000	20	0,5	1	350	7	1	40	35	3200	75	30	15	55	0	4	4	4000	2	5	5	1	4	6
12	0,6						1				4	100	8000	30	0,3	1	140	6	3	40	50	1500	60	40	0	60	10	5	3	4000	2	4	5	1	4	6
13	0,68						1				3	80	10000	50	5	2	60	4	5	45	60	700	55	45	5	50	20	6	3	4000	2	7	4	1	6	7
14	0,81						1				5	60	8000	50	0,2	10	8	3	7	50	70	80	30	85	0	15	20	6	3	4000	2	7	4	1	6	6
15	0,95									1	1	100	20000	10	0,0001	0,2	1	1	1	55	70	5	100	0	0	100	30	2	1	4000	2	1	2	1	7	5
16	0,8									1	3	100	11000	5	0,0003	0,2	10	3	3	65	55	8	100	0	0	100	10	2	2	4000	2	1	2	1	5	5
17	0,75									1	1	100	5000	20	0,0005	0,3	5	5	5	55	35	12	100	20	5	75	0	2	3	4000	2	3	4	1	4	5
18	0,55	1									800	7	50000	70	0,1	32	60	3	8	65	20	1000	100	10	5	85	10	2	2	165	2,5	3	6	2	4	6
19	0,5		1								750	10	50000	65	0,03	30	56	2	9	60	15	880	100	0	0	100	5	1	2	165	2,5	2	6	2	4	7
20	0,68			1							10	40	20000	80	0,25	0,5	4	1	10	75	70	20	10	80	0	20	30	3	2	165	1	4	6	2	4	4
21	0,63	1									9	75	2000	40	0,5	2,5	300	7	5	45	50	2400	33	65	5	30	15	2	5	700	1	3	4	3	6	2
22	0,66		1								400	75	2000	25	0,05	2,5	100	5	4	50	25	1500	100	5	0	95	25	1	5	700	1	2	2	3	4	2
23	0,69				1						9	75	2000	25	30	2,5	200	4	7	25	55	600	20	90	5	5	10	3	4	700	1	3	4	3	6	2
24	0,83					1					1	100	8000	1	0,3	0,5	130	4	8	25	60	300	20	90	0	10	5	3	4	700	1	4	5	3	7	2
25	0,5	1									6	90	15000	10	11000	0,5	10000	10	3	60	20	50000	60	60	5	35	20	6	3	40000	2,5	2	4	2	2	2
26	0,69				1						16	90	10000	30	150	0,2	160	5	5	35	30	300	15	70	10	20	5	5	3	40000	2	1	3	2	3	2
27	0,72					1					16	90	10000	30	150	0,2	130	4	6	30	10	280	5	95	5	0	10	5	2	40000	2	1	3	2	3	2
28	0,76					1					16	90	10000	30	150	0,2	30	2	8	45	40	20	80	0	10	90	0	3	4	40000	2,5	2	3	2	4	2
29	0,82				1						4	100	20000	10	500	0,2	60	3	7	30	25	100	5	90	0	10	30	6	2	40000	1,5	2	4	2	2	3
30	0,75					1					6	100	20000	10	2	0,2	20	1	9	40	30	12	90	0	5	90	30	4	2	40000	1	3	4	2	2	3
31	0,42	1									120	95	2000	80	1	4	700	10	1	50	35	15000	75	25	0	75	5	4	5	2000	1,5	4	5	1	3	4
32	0,67	1									1000	20	100000	95	1	25	160	5	6	60	30	3000	90	15	20	65	35	2	4	450	1,5	2	3	1	2	5
33	0,64			1							50	5	1000	100	0,1	5	30	2	4	45	50	250	100	0	0	100	40	2	5	450	1	1	3	1	4	4
34	0,81			1							850	25	100000	70	0,01	15	50	3	7	65	40	1700	80	5	30	65	40	4	3	450	1,5	3	3	1	4	6
35	0,81			1							100	5	500	100	3	2	80	2	5	35	5	1000	100	5	25	70	30	1	5	450	1	1	3	1	3	3
36	0,9									1	1	30	500000	70	0,01	10	3	1	9	65	40	2	90	0	20	80	40	3	3	450	1,5	2	3	1	4	6
37	0,75									1	1	20	30000	95	1	5	12	5	6	50	20	12	80	15	15	70	25	2	4	450	1	3	3	1	2	5
38	0,51				1						25	90	1500	100	0,5	1	10	4	7	10	5	40	100	5	15	80	30	1	5	400	1	1	5	2	7	1
39	0,54					1					11	90	2000	100	0,3	0,5	4	2	8	15	5	20	100	5	15	80	30	1	5	400	1	1	5	2	7	1
40	0,56			1							321	75	3000	35	0,03	14	70	5	3	30	20	900	100	10	20	70	5	1	1	4000	2	1	2	1	6	5

Bild 52: Datenmatrix - gemessene Zeitwerte und Ausprägungen der untersuchten Einflußgrößen

A 3. Klassifizierung von Ursachengruppen für Planzeitverluste

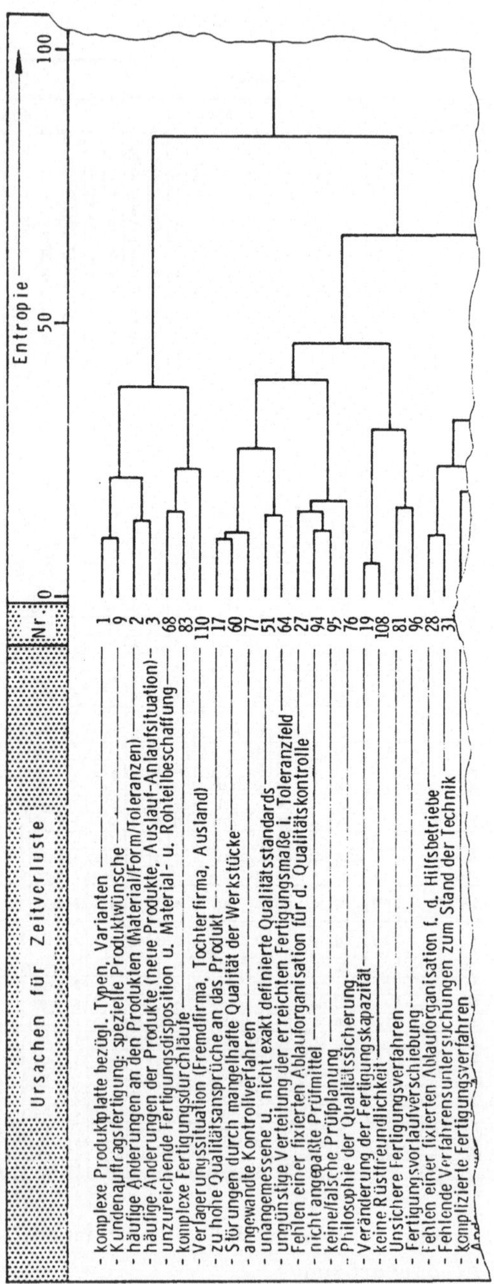

Bild 53: Clusteranalyse - Ausschnitt aus dem Dendrogramm

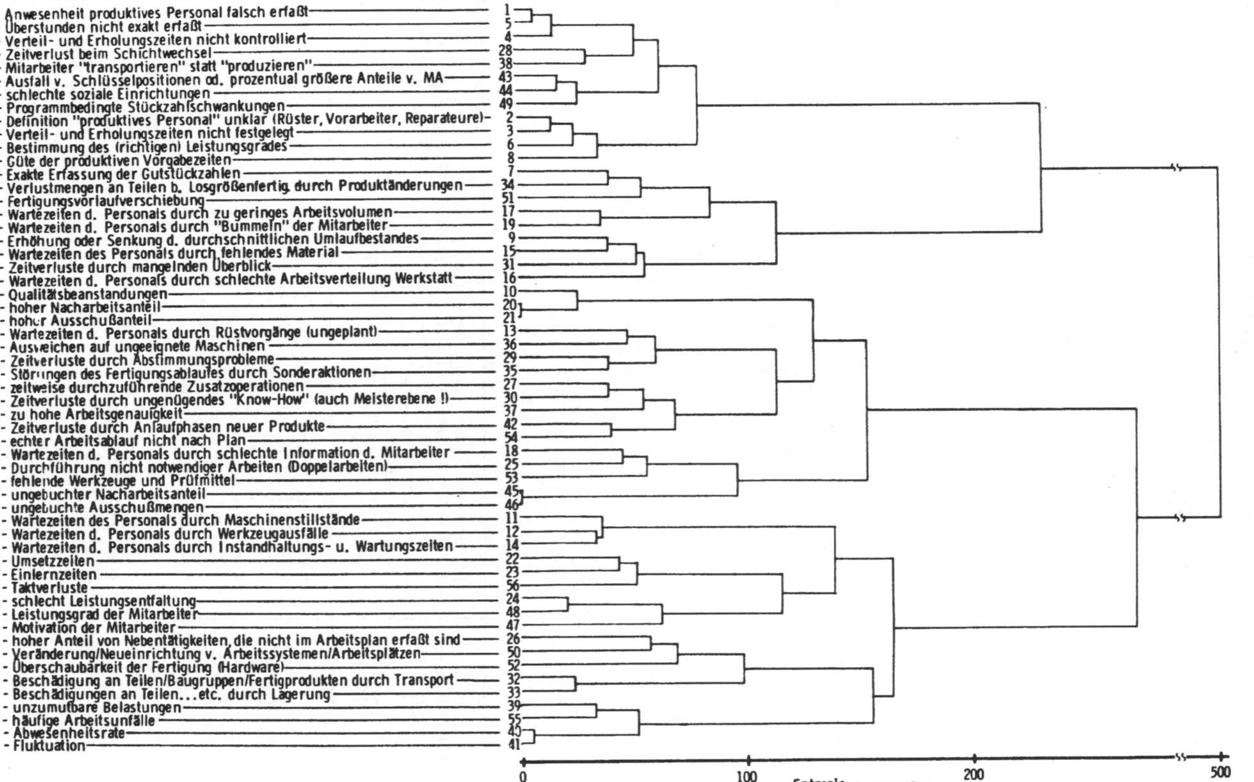

Bild 54: Klassifizierende Zusammenfassung von meßbaren Auswirkungen bzw. "Störungen", die zu Planzeitverlusten führen (Dendrogramm, Klassifizierung mit Hilfe der Störungsursachen).

	URSACHENGRUPPE	POTENTIELLE URSACHEN
1	Produktions-programm	- komplexe Produktplatte bezügl. Typen, Varianten - Kundenauftragsfertigung: spezielle Produktwünsche - häufige Änderungen an den Produkten (Material/Form/Toleranzen) - häufige Änderungen der Produkte (neue Produkte, Auslauf-Anlaufsituation) - unzureichende Fertigungsdisposition u. Material- u. Rohteilbeschaffung - komplexe Fertigungsdurchläufe - Verlagerungssituation (Fremdfirma, Tochterfirma, Ausland)
2	Fertigungs-qualität	- Zu hohe Qualitätsansprüche an das Produkt - Störungen durch mangelhafte Qualität der Werkstücke - angewandte Kontrollverfahren - unangemessene u. nicht exakt definierte Qualitätsstandards - ungünstige Verteilung der erreichten Fertigungsmaße i. Toleranzfeld - Fehlen einer fixierten Ablauforganisation für d. Qualitätskontrolle - nicht angepaßte Prüfmittel - keine/falsche Prüfplanung - Philosophie der Qualitätssicherung - Veränderung der Fertigungskapazität - keine Rüstfreundlichkeit - Unsichere Fertigungsverfahren - Fertigungsvorlaufverschiebung
3	Fertigungs-verfahren	- Fehlen einer fixierten Ablauforganisation f. d. Hilfsbetriebe - Fehlende Verfahrensuntersuchungen zum Stand der Technik - komplizierte Fertigungsverfahren - Änderungswesen der Arbeitsunterlagen - Fehlende Hilfs- und Betriebsstoffe - Reinigung von Maschinen, Arbeitsplätzen
4	Überschaubarkeit des Fertigungs-durchlaufes	- Anzahl der durchschnittlich durchzuführenden Operationen p. Werkstück - Funktion des Vorschlags-und Änderungswesens - stark unterschiedliche Anforderungen an d. Produkte (Qualität usw.) - b. Einzel-u. Kleinserienfertig. geringe Wiederholhäufigkeit - Stufigkeit der Produkte - Mängel im Lagerwesen - Kapazitätsengpass Maschinen - Layout-Planung (Makrosystem) - Produktgröße - unzweckmäßiger Transport - schlechter Materialfluß
5	Kurzfristige Werkstatt-steuerung	- Häufigkeit der Produktionsplanänderungen - Sonderaktionen wegen Termineinhaltung oder Prioritätsänderung - Ausfallen von Schlüsselpositionen od. prozentual größeren Anteilen v. MA - Mängel bei der Arbeitsverteilung - d. Fertigungsaufgabe angepaßtes Fertigungsprinzip (Arbeitssysteme) - falsche Arbeitsbelastung (Unter-/Überbelastung) - Konkurrenzsituation
6	Instandhaltung Wartung	- Nicht fertigungsgerecht konstruiertes Produkt - schlechte Betriebsmittel- und Materialbereitstellung - schlechte Maschineninstandhaltung/Wartung - schlechte Werkzeuginstandhaltung/Wartung - keine vorbeugende Werkzeugplanung - Störungen durch Werkzeugschaden - Störungen durch Maschinenschaden - Störungen durch Energieausfall
7	Arbeitsplatz	- Mängel b. d. Betriebsmittelbeschaffung (Maschinen, Mechanisierungsgrad) - ungeeignete Maschinen - Maschinenart, Alter der Maschinen - Werkzeig-Konstruktion - ungeeignete Betriebsmittel - schlecht gestalteter Arbeitsplatz - nicht angepaßte Fertigungsverfahren - Störungen durch falsche Bedienung - unzweckmäßiges Einlernen der Mitarbeiter

Bild 55a: Clusteranalyse: Gebildete Ursachengruppen sowie die zugehörigen potentiellen Ursachen für Planzeitverluste.

URSACHENGRUPPE		POTENTIELLE URSACHEN
8	Funktion Fertigungssteuerung	- schwankender Produktionsplan - kurzfristige Änderung des Produktionsplanes (Stückzahl) - nicht termingerechte Lieferung von Zulieferteilen - Fehlen einer fixierten Ablauforganisation für Programmplanung - Fehlen eines langfristigen Verkaufsprogrammes - Betriebsart (Teilefertiger, Montagebetrieb...) - schlechter Grad der Entkoppelung v. Fertigungsabschnitten - schlechter Grad der Entkoppelung von Arbeitsplätzen - Spielraum d. Mitarbeiters in bezug auf Arbeitsinhalt, -ablauf, -weise
9	Arbeitsbedingungen Personal	- absolut gefertigte Stückzahl (Klein-/Mittel-/Großserie) - Nicht oder nicht richtig zeitlich bewertete Fertigungspläne - keine Möglichkeit zu individueller Leistungsentfaltung - Mechanisierungsgrad (Arbeitsplatz, Verkettung...) - Fehlen einer fixierten Ablauforganisation für das Personalwesen - schlechte Urlaubsregelung - hohe Fehlzeitenrate
10	Management	- Mehrschichtbetrieb (Schichtüberlappung) - Schichtarbeit - Art der Lohnform - Arbeitsform (Einmaschinen-, Mehrmaschinenbedienung, Bediengruppe) - Fehlen einer definierten Kompetenzverteilung (Struktur d. Aufbauorganisa.) - unzweckmäßiger Führungsstil - Qualifikation des Managementes - Festlegung konkreter Unternehmensziele (Fristigkeit)
11	Qualifikation, Motivation Personal	- schlechte Personalqualifikation - schlechte Motivation der Mitarbeiter - schlechtes Arbeitsklima - Unzufriedenheit der Mitarbeiter - geringe Personalflexibilität - Kapazitätsengpaß Personal - hohe Fluktuationsrate - Technische Ausführung v. Arbeitsplatzbausteinen, Verkettungsmittel,... - ungeeignete Produktionsgebäude
12	Funktion Arbeitsplanung	- Nicht eindeutig fixierte Fertigungspläne (technologisch) - Keine Fertigungspläne - Veränderungen/Neueinrichtung v. Arbeitsplätzen/Arbeitssystemen - Fehlen einer fixierten Ablauforganisation für Arbeitsvorbereitung - keine begleitende AV zur kontinuierlichen Lösung auftretender Probleme
13	Informationsfluß, Ablauforganisation Werkstatt	- Fehlen einer fixierten Ablauforganisation f. Fertigungssteuerung - kein/falscher Belegfluß - Methode des Kapazitätsabgleiches - falsche Information (horizontal, vertikal) - Störung durch fehlende Arbeitsunterlagen - schlechte Auftragsüberwachung - schlechte Kommunikationsmöglichkeiten im Arbeitssystem - Fehlen einer fixierten Ablauforganisation f. d. produktiven Bereich - Werkstattführungspersonal - schlechte Überschaubarkeit der Fertigung - kein/unzureichendes Datenerfassungs-u. Kontrollsystem (Mengen/Termine)

Bild 55b: Clusteranalyse: Gebildete Ursachengruppen sowie die zugehörigen potentiellen Ursachen für Planzeitverluste.

A 4. Auswirkungs- Ursachenanalyse, Ermittlung von wahrscheinlichen Ursachengruppen für Planzeitverluste

AUSWIRKUNGS - URSACHENANALYSE FRAGEBOGEN				
Nr.	Frage	Betriebsspez. relevant	Gewichtung 1...3	Bemerkungen
1	Anwesenheit produktives Personal falsch erfaßt			
2	Definition "produktives Personal" unklar (Rüster, Vorarb., Reparat., Qualitätspers.)			
3	Verteil- und Erholungszeiten nicht festgelegt			
4	Verteil- und Erholungszeiten nicht kontrolliert			
5	Überstunden nicht exakt erfaßt			
6	Bestimmung des (richtigen) Leistungsgrades			
7	Exakte Erfassung der Gutstückzahlen			
8	Güte der produktiven Vorgabezeiten			
9	Wartezeiten des Personals durch Maschinenstillstände			
10	Wartezeiten des Personals durch Instandhaltungs-und Wartungszeiten			
11	Wartezeiten des Personals d. schlechte Arbeitsverteilung Werkstatt (Mengen/Zeiten)			
12	Wartezeiten des Personals durch zu geringes Arbeitsvolumen			
13	Wartezeiten des Personals durch "Bummeln" der Mitarbeiter			
14	Umsetzzeiten			
15	Einlernzeiten			
16	Durchführung nicht notwendiger Arbeiten (Doppelarbeiten)			
17	Zeitw. durchzuführ. Zusatzoperationen, d. nicht im Arbeitsplan enthalten sind			
18	Zeitverluste beim Schichtwechsel			
19	Beschädigungen an Teilen/Baugruppen/Fertigungsprodukten d. Transport			
20	Beschädigungen an Teilen... etc. durch Lagerung			
21	Verlustmengen an Teilen bei Losgrößenfertigung durch Produktänderungen			
22	Ausweichen auf ungeeignete Maschinen			
23	Zu hohe Arbeitsgenauigkeit			
24	Mitarbeiter "transportieren" statt "produzieren"			
25	Unzumutbare Belastungen			
26	Abwesenheitsrate			
27	Fluktuation			
28	Ausfall von Schlüsselpositionen oder prozentual größere Anteile von Mitarbeitern			
29	Schlechte soziale Einrichtungen			
30	Ungebuchter Nacharbeitsanteil			
31	Ungebuchte Ausschußmengen			
32	Leistungsgrad der Mitarbeiter			
33	Programmbedingte Stückzahlschwankungen			
34	Fertigungsvorlaufverschiebung			
35	Schlechte Überschaubarkeit der Fertigung			
36	Häufige Arbeitsunfälle			
37	Taktverluste			

Bild 56: Fragebogen zur Ursachenanalyse

Ur-sachen-gruppe	Fragestellung und Gewichtung A...E = Nr. der Fragestellung G = Gewichtung 1...3										Summe der Punkte	Anzahl der Nennungen	Rang	Bemerkung
	A	G	B	G	C	G	D	G	E	G				
1	33		21		28		8		11					
2	7		20		23		19		17					
3	9		10		35		16		29					
4	24		20		19		31		30					
5	28		36		25		4		34					
6	14		37		32		10		22					
7	36		25		26		23		15					
8	33		12		34		11		13					
9	6		3		25		27		12					
10	28		4		5		18		27					
11	29		27		18		26		19					
12	3		2		6		8		4					
13	1		5		7		18		12					

Bild 57: Arbeitsblatt zur Ermittlung von betriebsspezifischen Ursachengruppen für Planzeitverluste

Im Arbeitsblatt zur Ermittlung von Ursachengruppen (Bild 55) sind in den Spalten A bis E für jede Ursachengruppe der Cluster-Analyse (Kapitel 5.4) die Nummern derjenigen Fragen des Fragebogens eingetragen, die aus den wesentlichen, die Ursachengruppe bildenden Auswirkungen abgeleitet wurden. Für die Rangreihenbildung der Ursachengruppen wird ein Gewichtungsfaktor G mit dem Wertebereich 1 bis 3 eingeführt, der während des Interviews für jede als betriebsspezifisch relevant angesehene Frage ermittelt wird. Dieser Gewichtungsfaktor erlaubt eine betriebsspezifische Relativierung der durch die Fragestellungen angesprochenen Problemkreise.

Die im Interview ermittelten relevanten Fragestellungen werden im Arbeitsblatt in den Spalten A bis E gekennzeichnet und die dazugehörigen Gewichtungsfaktoren in den Spalten G eingetragen. In den zwei folgenden Spalten werden die Summe der Gewichtungspunkte und die Anzahl der relevanten Fragestellungen je Ursachengruppe vermerkt. Die Rangreihe der Ursachengruppen für den untersuchten Betrieb errechnet sich aus der Höhe der Punktzahl und bei Punktgleichheit nach der Anzahl der relevanten Fragestellungen je Ursachengruppe. Die in der Rangreihe oben stehenden Ursachengruppen umfassen die wahrscheinlichen Einzelursachen, die entsprechend dem oben beschriebenen Klassifizierungsansatz die wesentlichen zeitwertbezogenen Verlustquellen darstellen. Auf der Basis der Ergebnisse dieser in der Anwendung einfachen und schnellen Vorgehensweise sind dann gezielte Feinanalysen durchzuführen.

A 5. Spezifikationen für das Programmsystem SIMOR

Kurzzeichen	Art	Bedeutung
AFLUSS	Variable	Anzahl charakteristischer Teileflüsse
AKNOT	Variable	Anzahl Knoten im Modell
APORD	Variable	Anzahl verschiedener Produkte (Typen)
A TAGE	Variable	Anzahl Tage im Betrachtungszeitraum
ENTSCH	Hilfsvariable	Berücksichtigung von Benutzerwünschen
GRUNDD	Hilfsvariable	Spezifikation der verwendeten Grunddaten für den folgenden Simulationslauf
LAUFNR	Hilfsvariable	Zähler für die ausgeführten Rechenläufe
MEHRA	Feld	Matrix zur qualitativen Knotenbeschreibung für die charakteristischen Mengenverluste
MFERTA	Feld	Matrix zur Eingabe der Fertigungsaufgabe
MFLUS	Feld	Matrix zur Eingabe der Knotenfolge pro Fluß
MGESB	Feld	Matrix aller berechneter Personalzahlen bezogen auf das Gesamtsystem
MKNOT	Feld	Matrix der Vorgabezeiten und berechneten Zeitwerte sowie Zeitanteile je Knoten
MPROD	Feld	Matrix Zeitwerte und Zeitanteile je Produkt
MUEBER	Feld	Übergangsmatrix des Markov-Prozesses
NFEHL	Hilfsvariable	Fehlerindikator

Kurzzeichen	Art	Bedeutung
NSIMUL	Variable	Kennzeichnung des aktuellen Speicherbereiches
PROGST	Unter-programme	Eingabe allgemeiner Simulationsdaten
RKNOT	Feld	Matrix zur quantitativen Knotenbeschreibung durch die Verlustprozentsätze
SFLUS	Feld	Angabe der Teilemenge pro Schicht pro Fluß
SKNOT	Feld	Matrix zur quantitativen Knotenbeschreibung durch berechnete Verlustprozentsätze des Unterprogrammes URKNOT
UAUSGA	Unter-programm	Datenausgabe nach Zeitwerten geordnet, Vergleich zum Vorlauf
UAUSW	Unter-programm	Berechnung des Kapazitätsbedarfs für Gesamtsystem, pro Produkt, Knoten, Fluß, Umrechnung in Personalzahlen
UFERTA	Unter-programm	Eingabe der Fertigungsaufgabe
UKENNZ	Unter-programm	Markov-Prozeß Berechnung der Zustandswahrscheinlichkeiten und der Knotenkennzahlen
UKNOT	Unter-programm	Einlesen der Vorgabezeiten pro Knoten und pro Fluß
UMFLUS	Unter-programm	Eingabe der charakteristischen Flüsse (Knotendurchlauf)
UMEHRA	Unter-programm	Eingabe der Mehraufwandsflüsse
UPDATA	Unter-programm	Variation der Einflußgrössen (Fertigungsaufgabe, Knotenmerkmale)
UREGR	Unter-programm	Einlesen der Knotenbeschreibungen und Eingabe der Verlustprozentsätze pro Knoten

Kurzzeichen	Art	Bedeutung
URKNOT	Unter-programm	Schnittstelle für eine alternative Berechnung von Verlustprozentsätzen mit Hilfe von Regressionsgleichungen
USFLUS	Unter-programm	Berechnung der pro Fluß zu produzierenden Stückzahl pro Tag
USPBEL	Unter-programm	Umbesetzen von Werten in RKNOT, MFERTA bei geändertem Speicherbereich für Folgelauf
UVERLB	Unter-programm	Berechnung des Kapazitätsbedarfs (Zeit) für den Zeiteinsatz, Mengenverluste und Wartezeiten
WERTF	Feld	Matrix der Personalzahlen je Fluß
WERTK	Feld	Matrix der Personalzahlen je Knoten

IPA Forschung und Praxis

Schriftenreihe aus dem Institut für Produktionstechnik und Automatisierung, Stuttgart

Herausgeber: Prof. Dr.-Ing. H. J. Warnecke

Datenerfassung im Produktionsbereich
Von E. Bendeich. ISBN 3-7830-0117-8.
1977, 176 Seiten, kartoniert. 54,— DM

Methodenauswahl für die Materialbewirtschaftung in Maschinenbau-Betrieben
Von H. Graf. ISBN 3-7830-0136-6.
1977, 144 Seiten, kartoniert. 54,— DM

Systematische Auswahl von Förderhilfsmitteln für den innerbetrieblichen Materialfluß
Von W. Rau. ISBN 3-7830-0139-0.
1977, 103 Seiten, kartoniert. 40,— DM

Grundlagen zur Planung von Ersatzteilfertigungen
Von E. Schulz. ISBN 3-7830-0138-2.
1977, 98 Seiten, kartoniert. 40,— DM

Rechnerunterstützte Fabrikplanung
Von B. Minten. ISBN 3-7830-0116-1.
1977, 124 Seiten, kartoniert. 38,— DM

Eine Planungsmethode für automatische Montagesysteme
Von H.-G. Löhr. ISBN 3-7830-0120-X.
1977, 108 Seiten, kartoniert. 32,— DM

Planung und Bewertung von Arbeitssystemen in der Montage
Von H. Metzger. ISBN 3-7830-0131-5.
1977, 108 Seiten, kartoniert. 40,— DM

Klassifizierungssystem für Prüfmittel der industriellen Längenprüftechnik
Von R. Czetto. ISBN 3-7830-0144-7.
1978, 181 Seiten, kartoniert. 64,— DM

Rechnerunterstützte Montageplanung
Von O. Hirschbach. ISBN 3-7830-0149-8.
1978, 146 Seiten, kartoniert. 52,— DM

Rechnerunterstützte Entwicklung von Simulationsmodellen für Unternehmensplanspiele
Von A. Moker. ISBN 3-7830-0147-1.
1978, 181 Seiten, kartoniert. 64,— DM

Arbeitsplatzanalysen zur Ermittlung der Einsatzmöglichkeiten und Anforderungen an Industrieroboter
Von G. Herrmann. ISBN 37830-0151-X.
1978, 113 Seiten, kartoniert. 40,— DM

MFSP — Ein Verfahren zur Simulation komplexer Materialflußsysteme
Von G. Stemmer. ISBN 3-7830-0118-8.
1977, 140 Seiten, kartoniert. 60,— DM

Berührungslose Erkennung durch Positionsbestimmung von Objekten durch inkohärent-optische Korrelation
Von M. König. ISBN 3-7830-0137-4.
1977, 110 Seiten, kartoniert. 40,— DM

Auslegung von Störungspuffern in kapitalintensiven Fertigungslinien
Von R. v. Stetten. ISBN 3-7830-0140-4.
1977, 154 Seiten, kartoniert. 56,— DM

Flexible Transportablaufsteuerung
Von G. Römer. ISBN 3-7830-0114-5.
1977, 188 Seiten, kartoniert. 60,— DM

Rechnergestützte Realplanung von Fabrikanlagen
Von T.-K. Sauter. ISBN 3-7830-0119-6.
1977, 108 Seiten, kartoniert. 32,— DM

Systematisches Auswählen und Konzipieren von programmierbaren Handhabungsgeräten
Von R. D. Schraft. ISBN 3-7830-0115-3.
1977, 108 Seiten, kartoniert. 32,— DM

Auslandsproduktion
Von W. Cypris. ISBN 3-7830-0145-5.
1978, 126 Seiten, kartoniert. 42,— DM

Wirtschaftlicher Einsatz von Mehrkoordinatenmeßgeräten
Von M. Dietzsch. ISBN 3-7830-0148-X.
1978, 142 Seiten, kartoniert. 52,— DM

Fertigungssteuerung bei flexiblen Arbeitsstrukturen
Von K.-G. Lederer. ISBN 3-7830-0146-3.
1978, 128 Seiten, kartoniert. 42,— DM

Untersuchungen zum Polieren und Entgraten durch elektrochemisches Oberflächenabtragen
Von K. Zerweck. ISBN 3-7830-0150-1.
1978, 110 Seiten, kartoniert. 40,— DM

Stufenweise Ableitung eines praktischen Planungssystems für den Entwicklungsbereich
Von R. Hichert. ISBN 3-7830-0149-8.
1978, 151 Seiten, kartoniert. 52,— DM

Produktionsplanung mit Auftragsfamilien
Von U. W. Geitner. ISBN 3-7830-0161.7.
1979, 110 Seiten, kartoniert. 45,— DM

Thermisch-chemisches Entgraten
Von T. Wagner. ISBN 3-7830-0164-1.
1979, 111 Seiten, kartoniert. 45,— DM

Untersuchung der Materialflußkosten bei ausgewählten Systemen der Zentralen Arbeitsverteilung
Von R. Wenzel. ISBN 3-7830-0162-5.
1979, 168 Seiten, kartoniert. 86,— DM

Anpassung und Einführung eines Planungssystems für die Ablaufplanung im Konstruktionsbereich
Von W. Dangelmaier. ISBN 3-7830-0163-3.
1979, 168 Seiten, kartoniert. 80,— DM

Längenmessungen an bewegten Teilen mit berührungslos wirkenden Aufnehmern
Von H. Lang. ISBN 3-7830-0157-9.
1979, 89 Seiten, kartoniert. 42,— DM

Untersuchung multistabiler Strömungselemente und ihr Einsatz in sequentiellen Steuerungen
Von A. Ernst. ISBN 3-7830-0157-9.
1979, 122 Seiten, kartoniert. 48,— DM

Taktile Sensoren für programmierbare Handhabungsgeräte
Von M. Schweizer. ISBN 3-7830-0158-7.
1979, 91 Seiten, kartoniert. 42,— DM

Die rechnerunterstützte Prüfplanung
Von P. Bläsing. ISBN 3-7830-0152-8.
1979, 100 Seiten, kartoniert. 44,— DM

Verfahren zur Fabrikplanung im Mensch-Rechner-Dialog am Bildschirm
Von W. Ernst. ISBN 3-7830-0156-0.
1979, 218 Seiten, kartoniert. 72,— DM

Rechnerunterstütztes Verfahren zur Leistungsabstimmung von Mehrmodell-Montagesystemen
Von M. Görke. ISBN 3-7830-0155-2.
1979, 139 Seiten, kartoniert. 50,— DM

Standortbezogene Betriebsmittel
Von G. Pflieger. ISBN 3-7830-0167-6.
1979, 127 Seiten, kartoniert. 52,— DM

Die betriebswirtschaftliche Beurteilung neuer Arbeitsformen
Von B.-H. Zippe. ISBN 3-7830-0168-4.
1979, 350 Seiten, kartoniert. 98,— DM

Untersuchung des Arbeitsverhaltens programmierbarer Handhabungsgeräte
Von B. Brodbeck. ISBN 3-7830-0169-2.
1979, 117 Seiten, kartoniert. 48,— DM

Untersuchung eines kohärent-optischen Verfahrens zur Rauheitsmessung
Von N. Rau. ISBN 3-7830-0174-9.
1979, 117 Seiten, kartoniert. 48,— DM

Entwicklung einer programmierbaren, pneumatischen Steuerung
Von D. Klemenz. ISBN 3-7830-0171-4.
1979, 93 Seiten, kartoniert. 42,— DM

IPA Forschung und Praxis

Berichte aus dem Fraunhofer-Institut für Produktionstechnik und Automatisierung, Stuttgart, und dem Institut für Industrielle Fertigung und Fabrikbetrieb der Universität Stuttgart

Herausgeber: Prof. Dr.-Ing. H. J. Warnecke

38 **Arbeitsgangterminierung mit variabel strukturierten Arbeitsplänen — Ein Beitrag zur Fertigungssteuerung flexibler Fertigungssysteme**
Von U. Maier. ISBN 3-540-10213-2.
1980, 111 Seiten mit 45 Abbildungen. 43,— DM

39 **Kapazitätsabgleich bei flexiblen Fertigungssystemen**
Von P. S. Nieß. ISBN 3-540-10372-4.
1980, 151 Seiten mit 57 Abbildungen. 48,— DM

40 **Schichtdickenverteilung auf galvanisierten Paßteilen am Beispiel kleiner abgesetzter Wellen und Bohrungen**
Von D. Wolfhard. ISBN 3-540-10373-2.
1980, 177 Seiten mit 83 Abbildungen. 48,— DM

41 **Planung von Mehrstellenarbeit unter Berücksichtigung von Umfeldaufgaben**
Von S. Häußermann. ISBN 3-540-10374-0.
1980, 136 Seiten mit 59 Abbildungen. 48,— DM

42 **Untersuchungen zur Schmierfilmdicke in Druckluftzylindern — Beurteilung der Abstreifwirkung und des Reibungsverhaltens von Pneumatikdichtungen mit Hilfe eines neu entwickelten Schmierfilmdicken-meßverfahrens**
Von R. Köhnlechner. ISBN 3-540-10375-9.
1980, 100 Seiten mit 38 Abbildungen und 4 Tabellen. 43,— DM

43 **Typologie zum überbetrieblichen Vergleich von Fertigungssteuerungsverfahren im Maschinenbau**
Von G. Rabus. ISBN 3-540-10376-7.
1980, 174 Seiten mit 88 Abbildungen und 21 Tafeln. 48,— DM

44 **System zur Planung des Umlaufbestandes in Betrieben mit Serienfertigung**
Von K.-G. Wilhelm. ISBN 3-540-10377-5.
1980, 142 Seiten mit 67 Abbildungen und 15 Tafeln. 48,— DM

45 **Rechnerunterstützte Arbeitsplanerstellung mit Kleinrechnern, dargestellt am Beispiel der Blechbearbeitung**
Von W. Hoheisel. ISBN 3-540-10505-0.
1981, 169 Seiten mit 74 Abbildungen. 48,— DM

46 **Beitrag zur Verbesserung der Wirtschaftlichkeit EDV-unterstützter Fertigungssteuerungssysteme durch Schwachstellenanalyse**
Von J. Lienert. ISBN 3-540-10506-9.
1981, 148 Seiten mit 37 Abbildungen. 48,— DM

47 **Die Abscheidung von Öl an Entlüftungsöffnungen drucklufttechnischer Anlagen**
Von W.-D. Kiessling. ISBN 3-540-10604-9.
1981, 117 Seiten mit 48 Abbildungen und 3 Tabellen. 43,— DM

48 **Dynamische Optimierung technisch-ökonomischer Systeme**
Von J. Warschat. ISBN 3-540-10717-7.
1981, 132 Seiten mit 60 Abbildungen. 43,— DM

49 **Bildsensor zur Mustererkennung und Positionsmessung bei programmierbaren Handhabungsgeräten**
Von H. Geißelmann. ISBN 3-540-10735-5.
1981, 125 Seiten mit 52 Abbildungen. 43,— DM

50 **Verfügbarkeitsberechnung für komplexe Fertigungseinrichtungen**
Von Ekkehard Gericke. ISBN 3-540-10779-7.
1981, 132 Seiten mit 71 Abbildungen. 43,— DM

51 **Materialflußgestaltung in Fertigungssystemen**
Von Willi Rößner. ISBN 3-540-10888-2.
1981, 149 Seiten mit 76 Abbildungen. 48,— DM

52 **Beitrag zur Analyse der Auswirkungen der Mikroelektronik, dargestellt am Beispiel der Büromaschinen-Industrie**
Von Werner Neubauer. ISBN 3-540-10991-9.
1981, 145 Seiten mit 27 Abbildungen und 47 Tabellen. 43,— DM

53 **Modelle von Informationssystemen zur kurzfristigen Fertigungssteuerung und ihre Gestaltung nach betriebsspezifischen Gesichtspunkten**
Von Roland Gentner. ISBN 3-540-10992-7.
1981, 181 Seiten mit 69 Abbildungen und 7 Tabellen. 48,— DM

54 **Entwicklung von Verfahren zur Terminplanung und -steuerung bei flexiblen Montagesystemen**
Von Jürgen H. Kölle. ISBN 3-540-11227-8.
1981, 132 Seiten mit 64 Abbildungen und 1 Faltplan. 43,— DM

55 **Arbeits- und Kapazitätsteilung in der Montage**
Von Stefan Dittmayer. ISBN 3-540-11228-6.
1981, 124 Seiten und 56 Abbildungen. 43,— DM

Die Berichte 38 und folgende sind zu beziehen durch den Springer-Verlag, Berlin Heidelberg New York

IPA Forschung und Praxis

Berichte aus dem Fraunhofer-Institut für Produktionstechnik und Automatisierung, Stuttgart, und dem Institut für Industrielle Fertigung und Fabrikbetrieb der Universität Stuttgart

Herausgeber: Prof. Dr.-Ing. H. J. Warnecke

56 **Beitrag zur systematischen Planung der Qualitätsprüfung bei Klein- und Mittelserienfertigung**
Von Herbert Babić. ISBN 3-540-11325-8.
1982, 108 Seiten mit 38 Abbildungen und 7 Tabellen. 53,— DM

57 **Methode zur rechnerunterstützten Einsatzplanung von programmierbaren Handhabungsgeräten**
Von Uwe Schmidt-Streier. ISBN 3-540-11355-X.
1982, 188 Seiten mit 72 Abbildungen. 53,— DM

58 **Werkstoff- und Energiekennwerte industrieller Lackieranlagen, am Beispiel der Automobilindustrie**
Von Rainer Manfred Thiel. ISBN 3-540-11356-8.
1982, 116 Seiten mit 59 Abbildungen. 53,— DM

59 **Maßnahmen zum Verbessern der pneumatischen Lackzerstäubung — Teilchengrößenbestimmung im Spritzstrahl —**
Von Klaus Werner Thomer. ISBN 3-540-11507-2.
1982, 162 Seiten mit 94 Abbildungen und 1 Tabelle. 53,— DM

60 **Ermittlung und Bewertung von Rationalisierungsmaßnahmen im Produktionsbereich**
— Ein Beitrag zur rationellen Produktionsplanung —
Von Jürgen Schilde. ISBN 3-540-11730-X.
1982, 158 Seiten mit 57 Abbildungen. 53,— DM

Die Berichte 38 und folgende sind zu beziehen durch den Springer-Verlag, Berlin Heidelberg New York